读点成功学，铺就成功路，影响你一生的书籍，值得每日阅读

每天读点成功学

张新国◎主编

线装书局

图书在版编目（CIP）数据

每天读点成功学 / 张新国主编. — 北京：
线装书局，2014.11

ISBN 978-7-5120-1649-1

Ⅰ. ①每… Ⅱ. ①张… Ⅲ. ①成功心理－通俗读物
Ⅳ. ①B848.4-49

中国版本图书馆CIP数据核字（2014）第272221号

每天读点成功学

主　　编：张新国
责任编辑：曹胜利
出版发行：线装书局
　　地　址：北京市西城区鼓楼西大街41号（100009）
　　电　话：010-64045283　64041012
　　网　址：www.xzhbc.com
经　　销：新华书店
印　　制：三河市华业印务有限公司
开　　本：700mm×940mm　1/16
印　　张：14
字　　数：120千字
版　　次：2015年1月第1版第1次印刷
印　　数：0001-7000

定　　价：25.80元

前言

人生活在这个世界中，就想要追求成功，愿意为了成功而努力奋斗，也许身边有的人真的成功了，他们被众人包围，享受着成功的喜悦。然而，生活中大多数的人都不能成功，或许一生都过得庸庸碌碌，所以，这些人就想知道成功的方法，如何在芸芸众生中实现自己的价值呢？

成功是一门学问，其中是有规律可循的。纵观古今中外，那些成功人士都是无意中找到了成功的规律，从而轻易取得了成功。所以说，一旦懂得运用成功的规律，成功其实没有那么难，然而实现成功不只是掌握规律，而是要亲力亲为，化作行动，才能获得成功，《每天读点成功学》就讲述了实用的方法，特别适合初入职场的新人阅读，职场中的新人欠缺工作经验，尽管在工作岗位中兢兢业业，也许也得不到重用，甚至有时候说错了话，办错了事自己也浑然不知。本书就将一些成功人士的励志故事集中起来，细致地讲述了成功的原因，可以帮助读者增加成功的几率。

成功需要具备很多品质，从对自我的要求，到自己的心态，都需要学习，这样才能找到适合自己的方式，书中的内容积极，案例简洁却很深刻，包含了中外经典名著的选段故事，还涉及中外的教育家，思想家的个人传记内容，对成功进行深刻阐述，使读者感同身受，对成功又多了几分认识，从而努力使自己具备成功人士的特征，帮助读者用积极的态度面对生活，用正确的为人处世原则来实现理想。

成功离不开目标，但是很多人都是盲目地制定目标，没有可行性，所以依然很难成功，工作中需要明确目标，也需要有信心来实现目标，在一个人的事业中，自信心一定可以创造奇迹。自信能够使人的才能取之不尽、用之不竭，一旦一个人没有自信，他无论有多大的实力，都不能抓住任何一个良机。每遇到重要关头，都无法把所有的才能激发出来。因此，那些绝对可以成功的事在他面前都变得没有任何意义了。

一个人的潜能就像空气，其形其势无拘无束，谁也无法用有固定形状的瓶子来盛装它。想充分地发挥出潜力，就必须要有坚定的自信心，如今随着社会的变化，成功已经不再是可遇而不可求的事情。本书能够明确告诉读者，任何一个成功的人都有他人不具备的好习惯，如果读者也有这样的习惯，就离成功近了一步，首先成功不会从天而降，而是需要自己积极主动争取得来的，职场中最需要一个积极的态度，它不仅能带给你事业的成功，而且也能带给身边人一个好印象，相反，一个消极的人会因为一点儿小事就心有芥蒂，必然会与成功擦肩而过。

希望这本书能够为职场中的新人带来帮助。成功有很多定义，但是无论哪一种成功，都是需要付出的，需要对自身进行改变的，只要肯改变，成功就离你不远了。

目录 CONTENTS

DU DIAN CHENG GONG XUE
PU JIU CHENG GONG LU

读点成功学
铺就成功路

PART 1 第一章

成功并不是那么难

CHENG GONG BING BU SHI NA ME NAN

每个人对成功的定义都不尽相同，可是却有一点是相同的，就是每个人都想做一个成功的人，追求成功。普通人总会觉得成功很难，自己不可能成功，可是成功的主动权完全在自己的手中，普通人都看着他人的成功，自己心里很羡慕，但是自己没有一点儿行动，只是站在远处仰望成功的人，不去钻研与学习成功者的秘诀。其实想要成功，只要遵循了几个法则就能达到，并没有想象中的那么难。

别把成功想得太难

成功的果实令人垂涎，也让很多人觉得可望而不可即。其实，只要掌握了成功的要素并坚持执行，你就会发现，成功并没有你所想的那么难。

作为现实生活中的每一个人，我们都有很多美好的理想和愿望，都想改变自己现有的状况，让自己更上一层楼。但是，虽然我们都非常努力，却未必都能实现自己的愿望。

在很多成功者看来，一个人能否成功，取决于他的态度。成功人士与失败者之间的差别就是：成功人士始终用最积极的思考、最乐观的精神和最丰富的经验来支配和控制自己的人生。失败者正好相反，他们的人生往往受过去的种种失败与疑虑的引导和支配。因此说，成功说难也不难。要成功，就要具备成功者的特质，就要从现在起为成功做准备，那么，我们该如何踏过成功的门槛呢？

一般来说，我们首先需要的就是梦想。“梦想”听起来是个很简单的词，却是走向成功的必备因素，生活中一切成功都源于一个人的梦想和实现梦想的决心。

在我们的生活中，常会面对这样一个令人深思的问题：为什么有的人会成功而有的人却失败了呢？通过对成功者的研究，人们发现成功者和失败者都有他们各自的性格特征。每个人都期待获得成功，而成功者的共同之处就在于，首先他们都有梦想，并且坚信梦想一定能够实现。然后，他们经过不懈的努力，决不轻言放弃，用积极的思维方式去对待生活、对待人生，抛弃一切消极的思维方式和消极情绪。

但是，有一点不要忘记，只有梦想，没有计划，也是不现实的。在有了梦想和目标后，就应当制订计划。因为人生就像是一次长途旅行，如果你不知道自己将要去的方向，你就无法制订你的行程计划。明确的目标和详尽的计划是成功步骤中的重要部分，万万不可忽视。然而，无论多么强烈的梦想，多么明确的目标，多么周密的计划，如果不付诸行动，它们最终也会像蒸气一样消失得无影无踪。如果说成功是最终目的，那么行动就是实现成功的保证。没有行动，再好的理想也不会成为现实。

文豪莎士比亚曾说过："这世界上有许多美好的事情，只要努力我们就能得到，可是，由于自我怀疑的蒙蔽，很多人失去了尝试的勇气，从而也就失去了应该得到的一切。"这句话的意思是说，成功的最终实现需要我们的信念。信念支撑着我们行动，给予我们面对一切困难的勇气。

有人说，成功要素中最难做到的部分就是有一个坚定的信念——坚信自己一定能够做到！只要是能够合理解释的东西，只要是肯定的，我们就会坚持——这就是信念。当你相信了自己的能力并坚持自己的信念时，你就能努力工作，遇到困难也能应付自如，你的命运就能真正掌握在自己的手中。

有成功的欲望就会成功

在追求成功的路上，最不可缺少的就是渴望。有强烈成功渴望的人总会比没有成功渴望的人能更快更早地实现成功的梦想。没有想要成功的渴望，成功也就变得可有可无。没有了渴望这个成功的原动力，想要成功，真的很难。

在心理学上，有一个叫“期望强度”的概念，意思是说一个人在实现自己期望达成的目标的过程中，面对各种付出与挑战所能承受的心理限度，或者说是其渴望的牢固程度。

有一位年轻人，想向大哲学家苏格拉底求学。有一天，苏格拉底将他带到小河边，然后“扑通”一声，苏格拉底就跳到河里去了。年轻人一脸疑惑：难道大师要教我游泳吗？看到大师在向自己招手，年轻人也就稀里糊涂地跳进河里。没想到，当他一跳下来，苏格拉底便立即用力将他的脑袋按进水里。年轻人拼命挣扎，可刚一出水面，苏格拉底便再次用更大的力气将他的脑袋按进水里。

年轻人再次挣扎，刚一出水面，还没来得及喘气，苏格拉底第三次死死地将他的脑袋按进水里……最后，年轻人本能地用尽全身力气再次拼命挣扎出来，然后，他拼命往岸上爬。上岸后，他指着还在水里的苏格拉底问道：“你到底想干什么？”

结果，苏格拉底理都没理他，爬上岸像没事一样就走了。年轻人百思不得其解，他追上苏格拉底，诚恳地说："大师，恕我愚昧，刚才的一切我还没明白，请您告诉我。"苏格拉底似乎觉得年轻人还有可教之处，于是，他停下脚步，回过头来，对他讲了这样一句话："年轻人，如果你想向我学知识的话，你就必须有强烈的求知渴望，就像你有强烈的求生渴望一样。"

正像苏格拉底对年轻人的启示一样，追求成功也是如此：要成功，必须要有强烈的成功渴望，就如同我们有强烈的求生渴望那样。

成功者与常人不同的一点是，他们总是有一个宏愿，敢于争取那些在平常人看来不可能获得的东西。今天的成功者在当初也许和大多数人一样平凡，但他们之所以成功了，最不可忽视的一点就是他们有着强烈的成功渴望。

曾经有人问爱迪生："你已经失败了一万次，对此你有什么想法？"爱迪生回答说："我并没有失败过一万次，只是发现了一万种行不通的方法。"

是的，如果没有成功，只能说明我们选择的方法不对，但这并不意味着失败。成功应该成为每一个人的梦想，这个梦想与生命同在，至死不休。

著名的心理学家弗洛伊德认为：人生来就有"做伟人"的渴望。可以说，追求成功是人类的本能。

成功要具备坚强的性格

生活就像海洋，只有意志坚强的人，才能到达成功的彼岸。要想获得成功，固然需要具备诸多因素，但如果没有一颗坚强的心，就很容易动摇很容易妥协，甚至很容易放弃。可以说，坚强是成功的保证，拥有坚强，我们就有机会与成功握手。

有人说，付出努力+坚强=成功。的确，在追求成功的道路上，也许你会摔倒，会迷路，甚至会觉得比别人走得更累，过得更辛苦，但这些并不会阻挡你前进的脚步，只要你坚强，敢于面对一切挫折，那成功终将会属于你。

的确，坚强是我们不可缺少的力量，我们也知道很多成功人士都是坚强的代言人。我们所熟知的海伦·凯勒就是坚强的典范，这个坚强的女孩以自己的毅力征服了全世界。

出生后的第19个月，一场高烧使海伦·凯勒变成了一个又盲、又聋、又哑的残疾人。从此，她告别了五彩缤纷的世界，动听悦耳的声音也跟她说了“再见”，她甚至连心中所想也没办法表达，整天面对的是黑暗与孤独。她没办法倾诉自己的喜怒哀乐，更不能与他人沟通。

渐渐地，她的脾气变得越来越暴躁，她开始觉得生活是多么没意思。可是，就在她万念俱灰的时候，一位家庭教师走进了她的世界，她就是沙莉文老师。从此，她在老师的帮助下，学会了读书写字。为了学说话，她每天靠摸着老师的嘴唇和面部来判断怎样发声，难度可想而知，但坚强的她毫不惧怕，每天坚持练习发音，终于学会了说话。

就这样，海伦·凯勒凭借其顽强的毅力，战胜了疾病带来的困难。她不仅学会了英语，而且还学会了法语、拉丁语和希腊语，并以优异的成绩毕业于哈佛大学拉德利克立夫学院。大学二年级时她开始写作，其处女作《我的人生故事》被誉为“世界文学史无与伦比的杰作之一”。

从海伦的身上我们可以看到，成功的人不是从未被击倒过，而是在被击倒后还能够爬起来，坚强地在成功的路上不断跋涉。成功需要一颗坚强的心，无论遇到多大的困难，我们都能坚持不懈地继续前行。

总之，无论什么样的失败，只要你被它击倒后又爬起来，失败的教训就会成为有益的经验，帮助你取得未来的成功。如果没有坚强的心支撑自己成功的渴望，那也就等于失去了成功的保障。成功的路从来不是平坦的，遇到的沟沟坎坎可能会让你措手不及，如果你不坚强地面对，就很可能在成功的路上徘徊甚至倒退，也就无法品尝到成功的喜悦了。

激发潜能可以获得成功

超越别人的人，不能算是真正的成功；超越自我的人，才是真正成功的人。生命的实质就是不断超越自我，超越局限。只有不断超越自我，才能把握住自己的内在动力，最大限度地发掘自己的潜力。

在生活中，我们难免会遇到各种各样的困难，很多人会感到畏惧。其实，多数人并不清楚，许多的困难也许并没有我们想象中的那样可怕，而是完全可以战胜的。有句话说得好："失败者任其失败，成功者创造成功。"胜利者一般都是倾向于不断自我挑战的人，因为人生到处充满了挑战，而成功的关键就在于你是否敢于接受挑战，战胜自我。

在美国的一个小酒吧里，一位年轻小伙子正在用心地弹奏钢琴。说实话，他弹得相当不错，每天晚上都有不少人慕名而来，认真地倾听他的弹奏。

一天晚上，一位中年顾客听了几首曲子后，对那个小伙子说："我每天都来听你弹奏曲子，你弹奏的那些曲子我都已经很熟悉了，你不如唱首歌给我们听吧。"这位顾客的提议获得了不少人的赞同，大家纷纷要求小伙子唱歌。

然而，那个小伙子面对大家的请求却变得腼腆起来，他抱歉地对大家说："非常对不起，我从小就开始学习弹奏乐器，从来没有学习过唱歌。

我长年累月地坐在这里弹琴，唱歌恐怕会唱得很难听。”那位中年顾客却鼓励他说：“小伙子，正因为你从来没有唱过歌，或许连你自己都不知道你是个歌唱天才呢！”此时酒吧的经理也出来鼓励他，怕他扫了大家的兴。

小伙子认为大家想看他出丑，于是坚持说只会弹琴，不会唱歌。酒吧老板说：“你要么选择唱歌，要么另谋出路。”小伙子被逼无奈，只好红着脸唱了一曲《蒙娜丽莎》。哪知道他不唱则已，一唱惊人，大家都被他那流畅自然、男人味十足的唱腔迷住了。

在大家的鼓励下。那个小伙子放弃了弹奏乐器的艺人生涯，开始向流行歌坛进军。这个小伙子后来成了美国著名的爵士歌王，他就是著名的歌手纳京高。

要不是那次偶然的开口一唱，纳京高可能永远坐在酒吧里做一个三流的演奏者。

食品大王保罗·纽曼是出生在美国的犹太人，大学毕业后，留在父亲的商店工作。他喜欢表演，于是，将生意转让给弟弟，一心一意投身到了演艺界。1986年，他因在《金钱本色》中的成功表演而获得奥斯卡最佳男主角奖。保罗·纽曼从商人到艺人的跨越，使他在新的领域内赢得了更大的成功，也发掘了自己在表演上的天赋。

但是，保罗·纽曼的超越永远没有完结。1982年，一个偶然的机会使他接触到了一种新的食品。这种新食品是拌面条用的酱汁，味道非常好。曾经是商人的纽曼看到了其中蕴藏的商机。于是他与朋友合作，投资数十万美元开发这种食品，并成立了食品公司。就这样，他又开始了从艺人到企业家的超越。最后，他被誉为美国的“食品大王”。

保罗·纽曼的人生之路告诉人们，只有这样不断地去超越自我，不断让自己在新的生活和环境中迎接挑战，才能保持住生命的创造力。

其实，我们每个人从事的事业不一定是最适合我们的工作。当我们熟悉了一项工作之后，往往害怕变化，结果就在时光的流逝中失去了自己真正的才华。成功者告诉我们，拓展视野，多去尝试一下，或许你会在别的领域做得更好。作为期待成功的人，要时时以自己为对手，战胜自己，直面自己，只有这样你才能让自己不断强大，一直立于不败之地。

想要成功就别让自己后悔

生活中，谁都难免做出让自己后悔的事，结果让自己因沮丧而悔恨。其实，要想成功，就要尽量少做或者不做让自己后悔的事情。成功者建议：与其后悔做过的事，不如在一开始就为自己做好规划。

比利时有一家杂志，曾对全国60岁以上的老人搞了一次问卷调查，调查的题目是：你最后悔的是什么？并列出了十几项生活中容易后悔的事情供被调查者选择。于是，就出现了这样一个结果——有72%的人后悔年轻时努力不够，以致一事无成。

由此，我们在这里可以引申这样一个故事。

有一个40岁的人被医生告知患了绝症，最多还能再活三年。他为了使自己最后的生命更有意义，就拟订出了一个三年要做十件事的计划。其中包括写一本书、学一门外语、搞一项发明、办一个工厂、游30座名山、看50个城市等，而且在计划列出后便立即付诸行动。

结果，在过了两年零八个月的时候，十项目标全部完成。可是，当他再到医院复诊时，却发现是医生当时拿错了病历，自己根本没有患病。

由此我们可以想到，如果在相同的时间里做着与别人一样的工作，那么别人得到什么，你也只能得到什么。要想得到别人得不到的东西，就得付出别人不愿付出的努力，尤其是在你还年轻的时候，还有机会竞争的时候。这个被拿错了病历的人虽说受了一场惊吓，但在那段为了达成心愿而努力的日子里。他也的确获得了比常人更多的经历，得到了更多的感悟。

在这次调查中，还有67%的人后悔年轻时选择了错误的职业。其实，确切地说，错误不在于他们选择了什么职业，而在于他们选择了安稳。

此外，有58%的人后悔锻炼身体不足。

忘了是谁说过这样一句话：60岁以前想用身体换一切，60岁以后想用一切换身体。其实，没有什么东西比身体健康更重要。健康是支撑我们一辈子的物质和能量资源，只有健康资源的持续可用，我们的成功才有保证。一般我们界定成功人士其中的一个显著特征就是精力充沛，成功的人总能把健康资源优势发挥到最大程度。而还有一些人，却因为健康资源的短缺而成为悲剧英雄。同时，还有一些人是因为精神的不健康而不能完成自己想做的事。

最有趣的是，只有11%的人后悔没有赚到更多的钱。

对于还没有赚到很多钱的年轻人和中年人来说，这也许是个很好的安慰。有钱虽然能够办很多事情，但赚钱并不是人生最主要的目的。只要能不断积累和提高自身的素质，不断向前迈进，赚钱也就不是什么大问题了。

其实，很多事情我们在年轻的时候后悔还可以改正，如果到了年老的时候再后悔，想补救都来不及了。因此，我们每个人都应该经常回头看看自己走过的路并扪心自问：我有什么事情最后悔？

在成功的路上，我们要尽力用心地去做，不要被一时的利益诱惑，也不要因一时的冲动而让自己后悔。别做让自己后悔的事，从现在开始，踏实地努力，就能享受成功的喜悦。

以成功者的标准要求自己

在成功的诸要素中，环境因素起着不可忽视的作用，身处何种环境，与何种人交往，能对人的思想或行动产生不同的影响。环境可以使你更上进，也可能使你更消沉，因此，要想成功，就要与成功者为伍。

成功学大师陈安之说："你想要获得成功，就必须跟成功者在一起；你想要成为顶尖人物，就必须跟顶尖人士在一起；你想要成为音乐家，就必须跟音乐家做朋友，你想要成为运动员，你必须跟顶尖运动员在一起。"

人们常说环境塑造人，虽然环境对一个人的成功并不起决定性的作用。但是一个人生活的环境，对他树立理想和取得成就有着重要的影响。周围的环境是愉快的还是不和谐的，身边的朋友是经常激励你还是经常打击你，都关系到你的前途。

成功学者认为，人体内大都蕴藏着巨大的潜能，它大多数时候都在酣睡着，而一旦被外界的东西激发，就能做出惊人的事情来。

然而，可以激发一个人潜能的事情往往是微不足道的，它也许是一句格言，也许是一次讲演，也许是一则故事，也许是一本书，也许是朋友的一句鼓励……

言语不仅能激励别人成功，而且也会激发一个人的潜能。在任何场合遇到成功人士、听到别人成功的事迹，很多人就会扪心自问："我就不能做到吗？我就不能有这一天吗？"这样，你就会带着新的目标、新的想法、新的信心投入自己的事业中。

在日常生活中，很多成功人士在开始创业时并不是非常顺利的，但在拜访过业内的佼佼者或者听到或看到他们的一些事迹后，就获得了巨大的动力，因为那些成功人士的经历刺激了他们的进取心。

成功者总是与成功者交友，失败者也总是与失败者为伍，不幸的人吸引不幸的人，而散漫者的圈子里也都是散漫的人。

因此说，在你的一生中，无论在什么情况下，你都要不惜一切代价地进入能够激发自己潜能的氛围中，努力接近那些了解你、信任你、鼓励你的人，这对你日后的成功会产生莫大的影响。

学会倾听是迈向成功的门槛

卡耐基曾说，专心听别人讲话的态度是我们所能给予别人的最大赞美。不管对朋友、亲人、上司、下属，倾听都具有同样的功效。倾听他人谈话的好处之一就是，别人将以热情和感激来回报你的真诚。

心理学家已经证实，倾诉能减除心理压力，当人有了心理负担和问题的时候，有一个合适的倾听者是最好的缓解压力的办法之一。你帮了别人的忙，解除人家的困境，当你需要帮助的时候，别人也会随时感恩图报。

而且，倾听是解决冲突、矛盾，处理抱怨的最好方法之一。一个牢骚满腹，甚至是最不容易对付的人，在一个有耐心、有同情心的倾听者面前常常都会变得通情达理。

曾经，某电话公司遇到一个客户，这位客户对电话公司的工作人员破口大骂，还威胁要拆毁电话。他拒绝支付某种电信费用，并说那是不公正的。

他写信给报社，还向消费者协会提出申诉，到处告电话公司的状。电话公司为了解决这一麻烦，派了一位最善于倾听的调解员去会见这位难缠的客户。这位调解员静静地听着那位暴怒的客户大声“申诉”，并对其表示同情，让他尽量把不满发泄出来。

三个小时过去了，调解员非常耐心地听着他的牢骚。此后，还两次上门继续倾听他的不满和抱怨。当调解员再次上门去倾听他的牢骚时。那位早已息怒的客户已经把这位调解员当作最好的朋友看待了。

由于调解员利用了倾听的技巧，友善地疏导了暴怒客户的不满，尊重了他的人格，并成了他的朋友，于是这位原本很难对付的客户也变得通情达理了，自愿把所有该付的费用都付清了，矛盾冲突就这样彻底地解决了。

每个人都有他的长处和特点，倾听将使我们取人之长，补己之短，同时防备别人的错误在自己身上出现，这便能使自己更加聪明。当你把注意力集中到倾听对方的时候，你便会很容易摆脱掉人们比较讨厌的“自我”的纠缠，这样你便会成为一个备受欢迎的谦虚的人。

在快节奏的现代社会，一个想成功的人要做的事太多，要让他们倾听别人的谈话，似乎是一件很困难的事，而实际上，真正取得辉煌成就的杰出人物往往都是善于倾听他人意见的。如果有人真的忙得无暇顾及倾听他人的意见，那么至少可以说，这个人不会合理地安排时间，或者可以说这个人心胸狭隘，听不进他人的意见，到头来只会落得个孤家寡人的处境。事实上，那些善于倾听别人意见的人总是朋友众多，因为人们总是喜欢与尊重别人、平易近人的人交往，这样也使得他们的事业有了更多人的支持和帮助，从而能更快更好地走向成功。

赞美使成功之路更宽广

赞美作为一种交际行为和手段，能够激励人们不断进步，还可以沟通人与人之间的感情，对人产生深刻的影响。学会巧妙地赞美他人，既能增进友谊，又能给自己带来好的人缘。

在生活中，人最不应当吝啬的就是赞美，因为赞美他人是一个人有修养的表现。一句赞美的话胜过几剂良药，它能化解干戈，使人愉悦，正所谓“良言一句三冬暖，恶语伤人六月寒”。

在现实生活中，我们每一个人都曾得到过别人的赞美，也曾赞美过别人。其实，无论是真诚地赞美别人还是得到别人真诚的赞美，都是一件很愉快的事情。

有位职员一直在为办公室的人际关系紧张而苦恼。她觉得在办公室里，同事间互相都不来往，各自忙着自己的事情，似乎相互间都有着很大的戒心，气氛十分沉闷。

她很希望改变这种状况，但是又不知道从何做起。一天，一位朋友告诉她说：你可以从现在开始，试着夸奖他人，经常说点称赞的话，比如“你今天气色很好”“你的衣服真漂亮”“这条裙子对你来说太合适了”等等。

她半信半疑地按朋友的话去做了，结果不久后她就发现，办公室的气氛完全变了样。大家都开始互相帮助，互相关心，在休息时有说有笑，甚至下班后都不想回家了。在他们眼里，办公室好像有着一种无形的吸引力，而这一切的根本原因就在于多说了几句赞美的话。

人生有“三宝”：微笑、点头和赞美。微笑是最有力的沟通工具，它把快乐传递给遇到的每一个人；点头是激励人的秘密武器，它把满意传递给身边的每一个人；赞美是人生的“加油站”，它把美好传递给周围的每一个人。当你传递的是美好的东西时，回馈你的一定是同样的美好，这就是成功者的心态。

想受到别人的欢迎，得到别人的赞赏，这是人类的本性。在生活中，我们很少知道自己多么需要鼓励和赞美。其实，每个人都需要得到他人的赞许，才能建立自信。如果没有他人的赞许，我们就不知道自己在别人心目中的形象，也不知道如何增进与他人的友好关系。因此，我们需要时时留意他人值得敬佩和称赞的地方，然后坦诚相告。

赞美他人能体现你无私的风度和崇高的道德修养。因为，任何一个人都有希望被他人关注和被他人赞美的渴望。任何人都希望自己的劳动得到社会的承认，得到别人的理解和尊重。

当你发现别人的某种优点和成绩并赞美他的时候，你就会觉得生活中的种种不快和矛盾都会春风化雨，烟消云散。这是因为大家都为你的真诚而感动，你自己也能得到更多的赞美。

在实际生活中，我们也经常看见这样的人，他们对别人的优点、长处熟视无睹，常常以自我为中心，不能包容别人小小的缺点，对他人说话尖酸刻薄，喜欢恶语伤人，这种人忘记了“恶语伤人胜过刀枪”这句话。本来，赞美他人就是一种优良品质，既然赞美他人既能体现你的优良品质又能给他人以鼓励，我们何乐而不为呢？让我们学会赞美他人，用漂亮的语言去赢得他人对自己的尊重。用漂亮的语言为自己赢得好的人缘，也会为成功添砖加瓦。

感激之心让你更接近成功

有人说，感恩是成功的第一步。不懂得感恩，心里就会有积怨，使人变得消极、痛苦，最终导致人脉涣散。当一个人懂得感恩时，他心里的怨气就将被化解，他就会感到快乐，就会充满力量。

成功学家安东尼指出，成功的第一步就是要存有一颗感激之心，时时对自己的现状心存感激，同时也要对别人为你所做的一切怀有敬意和感激之情。

史蒂文斯是一个程序员，在软件公司干了八年，却突然失业了。当时，他的第三个儿子刚刚降生，他感谢上帝的恩赐，同时也意识到，重新工作迫在眉睫。

终于有一天，他在报上看到一家软件公司要招聘程序员，待遇还不错。于是史蒂文斯揣着资料，满怀希望地赶到公司。应聘的人数超乎想象，很明显，竞争将会异常激烈。经过简单的交谈，公司通知他一个星期后参加笔试。

凭着过硬的专业知识，在笔试中，史蒂文斯轻松过关，两天后参加面试。他对自己八年的工作经验无比自信，坚信面试不会有太大的麻烦。然而，考官的问题是关于软件业未来的发展方向，这些问题，他从来没有认真地思考过。

通过这次面试，史蒂文斯觉得公司对软件业的理解令他耳目一新，虽然应聘失败，可他感觉收获不小，有必要给公司写封信表达谢意。于是他提笔写道："贵公司花费人力、物力，为我提供了笔试、面试的机会。虽然落聘，但通过应聘使我大长见识，获益匪浅。感谢你们为此付出的劳动，谢谢！"

这是一封与众不同的信，落聘的人没有不满，毫无怨言，竟然还给公司写来感谢信，真是闻所未闻。结果，这封信被层层上递，最后送到总裁的办公室。总裁看了信后，一言不发，把它锁进抽屉。

三个月后，新年来临，史蒂文斯收到一张精美的新年贺卡，上面写着：尊敬的史蒂文斯先生，如果您愿意，请和我们共度新年。贺卡是他上次应聘的公司寄来的。原来，公司出现职位空缺，他们第一个就想到了史蒂文斯。

这家公司就是美国微软公司。十几年后，凭着出色的业绩，史蒂文斯一直做到了副总裁的位置。

成功人士能够在很长的时间里一直保持成功，很多人都认为离不开其他人的帮助，也包括"时运"。他们不断地向这些帮助者表示感谢，并采取多种形式来感恩。相反，在一次成功之后就停滞不前的人，往往则是因为他们不会感恩。他们在主观或客观上切断了与曾经帮助过他们的人的联系，认为自己才是成功的唯一源泉。当他们因为更多地关注自我而孤立起来的时候，就丧失了创造力、丧失了人脉资源、丧失了取得更大的成功的机遇。

一种感恩的心态可以改变一个人的一生。当我们清楚地意识到没有任何权力要求别人时，我们就会对周围的一切都怀有强烈的感恩之情，就会更加珍惜自己拥有的一切，也就会竭力做好手中的工作，这样我们也就在这种感恩之心的陪伴下将事业做得更出色，从而取得更大的成功。

自制力是成功的必备条件

成功的心态始于理想，成功的行动始于自制。无论你有怎样的成功心态，都不能忽视自制的力量。这种力量就像最好的监督官，时刻提醒你的行为。如果没有了自制，不懂得自我约束，想要成功几乎是不可能的。

很多人会发现这样一个现象，那就是用了同样的努力，有人成功了，有人却失败了。他们可能都知道成功的途径，但他们之间有一个主要的不同在于成功者总是约束自己去做正确的事情，而不成功的人总是容忍自己感情用事。

心理学家经过长期研究认为，一个人的成功不仅要靠智商，更要靠情商。情商的要素之一就是人的自控能力。在成功者看来，每个人必须具有自我约束的能力，不让别人用次要的计划或无关的事情拉你离开主轨道。我们必须有自我约束的能力，保持头脑不受种种杂念的干扰，不去想还有什么其他事应当去做，从各方面不断轰击我们头脑的杂念。因为，自我约束、专心致志，是通向成功的必经之路。

自制作为一种成功必备的品质，往往能使一个人从渺小走向伟大，从平庸走向成功。

要做到自制，关键的一点就是多考虑行动的后果，要让眼前的行动和长远的利益一致，妥善处理两者的关系。一个自制力强的人，他的行为并不是听任欲望支配的，他有自己的信念、价值和目标，这些才是他判断行动与否的准则。而自制力不强的人则恰恰相反，他们对自己的行为没有周全的考虑，想做什么就做什么，结果给自己带来了不可估量的影响。

马斯是美国一家知名公司某部门的负责人，事业前景一片光明，但就在一天下午，他犯了一个无法挽回的错误——擅自离岗半小时，并由此影响了他的一生。

那段日子，公司的业务不多，他每天只需一两个小时就处理完了，剩下的时间似乎就只能坐在办公室里无所事事了。那天下午，他实在是经不住正如火如荼进行的欧洲杯足球赛的诱惑。便偷偷地离开办公室，找到一个有电视的房间，尽情地欣赏起精彩比赛。

半小时后，他带着惬意，匆匆赶回自己的办公室，突然，他被桌子上的一张纸条惊呆了，那上面写道："马斯先生，既然你那么喜欢足球，我看你还是回家尽情地去欣赏好了。"下面是本公司老板威廉·亨特的署名。

中年失业的马斯后来又辗转应聘了几家公司，但始终未能找到合适的位置，收入每况愈下，生活日渐潦倒。

如果一个人没有自我控制能力，那么他就会缺乏忍耐精神，也就会缺乏机智，他就既不能管理自己也不能驾驭别人。

自制是一种难得的美德，有自制力才能抓住成功的机会。因为，成功的最大敌人是自己，缺乏对自己情绪的控制，会把许多稍纵即逝的机会白白浪费掉。因此，成功者一般都认为，他们之所以成为强者，不是因为战胜对手，而是因为战胜了自己。只要有了一定的自制力，就会为自己的行为负责，也就更能把握成功的机会。

在失败中吸取成功的秘诀

有成功就有失败，失败并不可怕，也不值得沮丧。失败中往往蕴涵着成功的契机，能带给你宝贵的经验和教训。因此，只要把失败写在背面，你就会重新鼓起勇气，看到成功的希望。

在人生的旅途中，每个人都在追求成功，追求理想的实现。但是，与成功相比，我们经历更多的却是失败。一提到失败，就会让人想起失望、沮丧、没有信心等消极的词汇。的确，失败会让人不开心，甚至受到严重的打击，但仔细想想，失败也并没有那么可怕。有人说，失败只是暂时的不成功，只要把每一次的失败都看成新的起点，看成新的动力，坚持不懈，加倍努力，就一定能成功。

有一个年轻人，希望自己能够成为一名出色的赛车手。他在部队服役的时候，曾开过卡车。

退役之后，他来到一家农场开车。在工作之余，他仍坚持参加一支业余赛车队的技能训练。只要有赛车比赛，他都会想尽一切办法参加。因为得不到好的名次，所以他在赛车上的收入几乎为零，这也使他欠下了一笔数目不小的债务。

有一年，他参加了威斯康星州举办的赛车比赛。当赛程进行到一多半的时候，他的赛车位列第三，他有很大的希望在这次比赛中取得好的名次。而就在这时，他前面的两辆赛车发生了相撞事故，他迅速地转动赛车的方向盘，试图避开他们，但最终却因为车速太快未能成功。结果，他撞到车道旁的墙壁上。赛车在燃烧中停了下来，当他被救出来时，手已经被烧伤，鼻子也不见了，体表烧伤面积达到了40%，医生给他做了7个小时的手术才使他从死神的手中挣脱出来。

经历了这次事故，尽管命保住了，可他的手却严重萎缩，看起来像个鸡爪子。医生告诉他说："以后，你再也不能开车了。"

然而，为了实现那个梦想，他决心再一次为成功付出代价。他接受了一系列的植皮手术，为了恢复手指的灵活性，他回到了农场，用开推土机的办法使自己的手掌磨出老茧，并继续练习赛车。

结果，仅仅在九个月之后，他就重返了赛场。他首先参加了一场公益性的赛车比赛，但没有获胜，因为他的车在中途意外地熄了火。不过，在随后的一次全程200英里的比赛中，他取得了第二名的成绩。

又过了两个月，仍是在上次发生事故的那个赛场上，他满怀信心地驾车驶入赛场。经过一番激烈的角逐，他最终赢得了250英里比赛的冠军。

他，就是美国颇具传奇色彩的伟大赛车手——吉米·哈里波斯。当吉米第一次以冠军的姿态面对热情而疯狂的观众时，他流下了激动的泪水。吉米手中拿着一张此次比赛的宣传图片，上面是一辆赛车迎着朝阳飞驰。他没有回答，只是微笑着用黑色的水笔在图片的背面写上一句凝重的话：把失败写在背面，我相信自己一定能成功！

把失败写在背面，看到的就是成功。如果你过分在意失败，最终只能远离成功。而要想获得成功，失败其实是必须要经历的过程。失败不是让你远离成功，而是让你从中获得宝贵的经验和教训，从而早日取得成功。

如果你能把失败当成人生必修的功课之一，你就会发现，几乎所有的失败经历，都会给你带来一些意想不到的益处。我们的看法是把失败当做你人生成功的基础，这是你最好的选择。

PART 2 第二章

心态端正才能成功

XIN TAI DUAN ZHENG CAI NENG CHENG GONG

成功者说，用力只能把事情做对，用心才能把事情做好。用心做事，不仅仅是认真做事、努力做事，它还要求我们专心投入、全力以赴。因为，用心做事体现了一种态度、一种责任、一种精神。很多人在追求成功，也为之付出，但是成绩却很有限。他们很勤奋，也很上进，但成效之所以不明显，一个很关键的原因就在于是否用心。

好的心态能改变世界

华盛顿说："一切的和谐与平衡，健康与健美，成功与幸福，都是由乐观与希望的向上心理造成的。"假如你觉得自己的境况比较糟糕，那么就先改变自己吧。

在一个周六的清晨，一个牧师正在思索一个问题，可是小儿子强尼非要和爸爸一起玩。牧师不愿意被打扰，就随手拿起一本杂志，看到上面有一副彩色的世界地图，于是他就把这一页撕了下来，并将其撕成小片，然后对儿子说："强尼，你把地图拼起来，拼好后我给你两毛五分钱。"牧师本以为自己的儿子会拼上几个小时，谁知不到十分钟，儿子就进来了，说："爸爸，我拼好了。"牧师惊讶万分，当他接过地图，发现竟然没有一点儿错误。牧师赶紧问儿子："强尼，你是怎么做到的？"强尼回答道："很简单啊，我发现地图的背面是一个人的图像，然后把有人的图像拼好，最后翻过来，就是世界地图了。我想，如果人拼得对，地图也应该拼得对。"

是的，如果你是对的，你的世界也就是对的。

也许你会觉得自己做什么事都不如别人，一无是处，有时甚至还受到父母的责备、讥讽，这更加深了对自己的疑惑：难道我做的总是错的吗？

但是，有些人会说，自己糟糕的境况是由于别人或者社会造成的，这怎么可能改变得了呢？的确，在社会生活中，人总会受到各种因素的影响。不过，说到底，如何看待这些问题，最终则是由我们自己来决定的。

艾文班·库柏是美国的一个法官，备受人尊敬。他出生在密苏里州圣约瑟夫城里的一个准贫民窟里，为了补贴家用，他经常要拎着煤桶去铁路上捡煤块。性格懦弱的他对此很难为情，经常走小路，以免被别的孩子看见。可是，那些孩子已经熟知了他的行迹，总是在他回家的路上堵拦他，把他辛辛苦苦捡到的煤块撒地到处都是。库柏经常流着眼泪跑回家。可是，有一天，他读到了一本书，是荷拉修·阿尔杰著的《罗伯特的奋斗》。书中描述了一个和他处在同一种境况中的男孩子凭借自己的勇气战胜了不幸，他希望自己也能像故事中的那个少年一样积极和勇敢。

几个月后，他又去铁路上捡煤块。远远的，他就发现了几个调皮的孩子又在跟踪自己。于是，他拎起自己的煤桶，一步步走向那三个男孩，仿佛自己就是那个英雄少年。他毫无惧色，狠狠地出拳，左拳打到了一个孩子的脸上，右拳打到了他的胃上。这个孩子吓得赶紧跑了，这让库柏非常吃惊。库柏和孩子头儿对峙，他狠狠地盯着对方，毫不胆怯。终于，这个孩子头转身就跑。这一仗，库柏大获全胜，虽然自己也受了伤，但是库柏觉得非常痛快，从今往后，他不用再惧怕什么了。

库柏之所以能打败那三个小孩，并不是他变得强壮了，而是他的心态有了改变，他变得勇敢和坚强了。从那时起，他就深深明白了这个道理：改变自己，才能改变世界。

是的，心态决定一切！不管在什么情况下，我们只要能保持积极的良好心态，只要能改变自己，我们就能改变一切糟糕的境遇。不管怎样，不要让消极的心态左右自己，使自己生活在抱怨之中。请记住，只有人是对的，世界才是对的。那么，现在还等什么，给自己一个良好的心态吧！

将压力转化成动力

成功的方法有很多，最主要的当是调整心态，将压力变为动力，将消极失败的想法变为积极奋进的动力。只有以积极的心态去面对不可知的一切，才能让自己更有信心和勇气。

通常情况下，一般人在情况好时，均能保持力量，但是在情势不佳时，面对困难的能力往往会锐减或丧失。因此，设法保持战斗力量便是走向成功的关键所在。

英特尔公司的总裁安迪·葛洛夫曾是美国《时代》周刊的风云人物。在20世纪70年代，他创造了半导体产业的神话，很多人只知道他是美国巨富，却不知道他的人生也有鲜为人知的苦难经历。

那是安迪·葛洛夫第三次破产后的一个黄昏，他一个人漫步在家乡的河边，望着滔滔的河水发呆，他想如果他就这样跳下去的话，很快就会得到解脱，世间的一切烦愁都与他无关了。

这时，对岸走来了一位憨头憨脑的青年，他背着一个鱼篓，哼着歌从桥上走了过来，他就是拉里·穆尔。安迪·葛洛夫被拉里·穆尔的情绪感染，便问他："先生，你今天捕了很多鱼吗？"拉里·穆尔回答说："没有啊，我今天一条鱼都没捕到。"

安迪·葛洛夫不解地问："你既然一无所获，那为什么还这么高兴呢？”拉里·穆尔乐呵呵地说：“我捕鱼不全是为了赚钱，而是为了享受捕鱼的过程，你难道没有觉得被晚霞渲染过的河水比平时更加美丽吗？”一句话让安迪·葛洛夫豁然开朗，于是，这个对经商一窍不通的渔夫拉里·穆尔在安迪·葛洛夫的再三邀请下，成了英特尔公司总裁的贴身助理。

很快，英特尔公司奇迹般地再次崛起，安迪·葛洛夫也成了美国巨富。而拉里·穆尔的豁达心胸和乐观态度，总能让我受到感染而不至于做出错误的决策。”

一个能够坦然面对挫折与失败的人，往往是因为他对事物有一个正确的看法，他那种豁达的性格，其实正是一种乐观的心态。

在这个世界上，有许多事情是我们难以预料的。我们不能控制机遇，却可以掌握自己；我们无法预知未来，却可以把握现在；我们不知道自己的生命有多长，却可以安排眼前的生活；我们左右不了变化无常的天气，却可以调整自己的心情。只要我们每天都保持一个乐观而积极的心态，那么我们的人生就一定不会失色。

成功的道路会有坎坷。面对困境，不同的人会有不同的选择。但只要有了乐观向上，积极进取的心态，成功的到来便指日可待了。

让希望伴随左右

面对成功路上的种种不如意，只要心怀希望，就没有走不过的坎坷。希望是制胜的法宝，是成功的支柱，毫不夸张地说，有了希望，就抓住了一半的成功。

有句话说得好："只要有希望在，就能勇往直前，实现梦想。"

在成功学上，有个终极法则就是坚持到底，绝不放弃。马云曾说过，我不知道什么叫成功，但我知道什么叫失败，那就是放弃。只要你不放弃，你就有希望，你就有成功的可能。只要希望在，成功就不再是梦。

在哈佛，有这样一个故事，主人公因心怀希望而走向成功，或许对我们能有所启迪。

鲍勃·摩尔在参加哈佛大学的招生考试时，在列入考试的五门功课中，竟然有三门功课不及格，因此，他没能顺利地进入到这所世界著名的大学深造。在那段考试落榜、赋闲在家的日子里，鲍勃·摩尔感到非常自卑，常常将自己关在黑屋子里，怨天尤人，唉声叹气。

这年夏天，鲍勃·摩尔的家乡接连下了一个多月的暴雨，终于，山洪暴发了。鲍勃·摩尔不幸被滚滚的山洪卷进了咆哮的河里。在浊浪翻滚的河水中，他像一片树叶一样被抛来甩去，生命危在旦夕，他暗想，这回算是完了，没有救了。

他的这个念头刚一冒出来，便立刻犹如散了架一般浑身乏力，四肢酸软，再没有一点儿挣扎的力气。整个人都随着汹涌的波涛在沉沦，在漂浮。

就在鲍勃·摩尔即将被死神抽走的时候，他的脑袋被滚动的石块碰了一下，疼痛使他突然清醒过来。他突然想起去年夏天与朋友在这条河中漂流探险时，曾在这条河的下游遇到过一棵粗壮的老树，正好斜长着横贴在水面上。只要能够抓住这根树杈，就能保住自己的生命。想到这里，他的心中顿时充满了希望，浑身上下顿时力气倍增，心也不慌了，僵硬的四肢也变得灵活了。

鲍勃·摩尔心中默念着那棵救命的老树，拼命地挣扎着，终于游到了那棵老树跟前。但是，当他拼命地抱住伸向河面的树杈时，谁知那根树杈早已经枯朽。使劲一拽，便断为两截。鲍勃·摩尔只好紧抱着断落的树杈，继续随水漂流。刚漂出没有多远，就被河边经过的抢险队员搭救上岸。

事后，鲍勃·摩尔说，要是他早知道那根树杈是枯朽的，他兴许就不可能坚持游到那儿了。

记住，没有任何人能靠强迫自己做不喜欢做的事而成功。在他们心中有一个信念就是，成功难，但不成功更难。如果他们没有成功，他们的内心就永远无法得到安宁和平静，所以他们坚持了下去。

不难发现，在大多数人遇到困难和挫折都选择放弃的时候，少数人能坚持到最后，正是因为他们的企图心比较强烈，他们所想的是一定要成功，而不仅仅只是想要成功。只要你的企图心和信念像他们一样强烈和坚定不移，只要你也永不放弃希望，那么你也可以取得像他们那样伟大的成就。

赞美自己增强自信心

我们常常赞美他人，却忘了赞美自己。其实，我们也是需要鼓励的，不管他人怎么看待自己，只要自己怀有信心，怀有对自己的期望，就能让自己做得更好。

拿破仑·希尔说：“自我欣赏或自我赞美，其本质正是对自我成功的一种最直接的暗示。如果一个奋斗者不断地告诉自己‘我是最优秀的，我一定会成功！’那么他就会像得到神助一般，必将取得成功。能常常赞美自己的人，实质上正是他敢于向命运宣告‘我是不可战胜的！’这种对自我的赞美，正是一颗深深地植根于自己灵魂的种子，最后一定会在现实生活中结出无数颗能展示生命之美的果实。”

凯恩公司在五周年庆典时，举行了一个酒会，全体员工都到会了。借着酒兴，大家向老板提出了一个问题：“为什么你一天那么清闲，却能当老板挣大钱，而我们一整天辛辛苦苦，却只能给你打工，挣一些小钱？”

“那是因为我善于赞美，我天天赞美！”老板说。

员工们不解，因为他们也是天天赞美老板的。

老板笑道：“我的赞美跟你们的赞美截然不同，你们天天违心地赞美别人，而我，天天真诚地赞美自己！”

自我赞美，往往会成为许多奇迹创造的动力。

是的，学会赞美自己，你的心境就会豁然开朗，紧锁的眉头就会慢慢舒展。镜子中的你也许同你想象中的自己有出入，但却不失诚实。你没有高高的鼻梁，但你也许有一双富有魅力的眼睛；没有一双闪烁的明眸，也许上帝会补偿你一张弧线优美的嘴。在外貌上，你也许欠缺了些，但在智慧和能力方面，却可能会得高分。因而，不必等着别人来欣赏你，你的自信就是一种美。你会觉得，学会赞美并不是什么难事，而是一种快乐。

一个女孩子去一家国内享有盛名的企业应聘，经过多轮角逐之后，只剩下她和另一位男孩子争夺这唯一的名额。在决定胜负的时候，并不是想象中的各种提问，主考官只淡淡地一笑说："随便聊聊吧。"

男孩子洋洋洒洒地说了一大堆，包括经历、个人业绩等。当轮到那个女孩子时，她只短短说了几句："我一直都很爱自己，经常赞美自己，觉得自己很重要，有价值而且很出色。我不需要别人来加强我自身的价值，也不必让别人的行为迁就我个人的意思，借以肯定我自身的价值。"

就是这几句话，她被主考官看中了。

可以说，让自己自信的最好方法就是不断地赞美自己。赞美自己不需要理由。就像人们常说的一句话：爱，不需要理由。同样，爱自己，赞美自己也不需要理由。随时随地，你都可以对自己说："我今天做的真是太棒了！"有人说，人类最大的敌人就是自己，但假如你不断用赞美自己的心态来挑战所有的自我感觉，那情况又将完全不同。能毫不犹豫的说，越赞美自己，人就越自信，就越能更好地迈向成功。

用心投入到自己的事业中

在提倡勤奋付出的今天，我们所忽视的往往是用心。做事不用心等于白做，用心做事才会成功。没有用心投入，再多的努力也难以看到成效。

有一个书法家教学生练字。有一次，一个经常用废旧报纸练字的学生，抱怨自己已经跟书法家学了很长时间，可一直没有大的进步。书法家就对他说："你改用最好的纸试试，可能会写得更好。"

那个学生按照书法家说的去做了。果然，没过多久，他的字进步很快。他奇怪地问书法家这是什么原因。书法家说："因为你用旧报纸写字的时候，总会感觉是在打草稿，即使写得不好也无所谓，反正有很多纸，所以就不能完全专心。而用最好的纸时，你会心疼好纸，会感觉机会珍贵，从而全心投入，也就比平常练习时更加专心。用心去写，字当然会进步。"

一位成功人士这样说："整日空叹的人不会赢得上帝的恩宠，只有用心走好每一步，才会在命运的河流中乘风破浪，一直向前。"

每个人都有工作，但是工作的成效却完全不同，那么，差别在哪里呢？很简单，就是用心的问题。

在60年代的华尔街，人们常常把自己的一生和某个公司联系在一起。

从迈克尔·布隆伯格被所罗门公司录用的那一刻起，他就认为自己是一个“所罗门”人了。

与许多大公司贪求与众不同的门第、风格不同，所罗门更看重业绩。鼓励实干，容忍异议，对博士生和中学辍学生一视同仁，这让迈克尔·布隆伯格感到很适应，他觉得那正是一个适合他的地方。

迈克尔·布隆伯格说：“我永远热爱我的工作并投入大量时间，这有助于我的成功。我真的为那些不喜欢自己工作的人感到惋惜。他们在工作中挣扎，这么不快活，最终业绩很少，这样他们就更憎恶他们的职业。”

布隆伯格每天早上上班，除了老板比利·所罗门之外，比其他人都到得早。除了高级主管约古弗·兰德之外，迈克尔·布隆伯格常是最晚下班的。当然，迈克尔·布隆伯格并没有因为工作而影响了自己的生活。他说：“我不记得曾因工作太忙或我太专注工作而耽误了晚上或周末的娱乐。我跟很多女孩约会，我去滑雪、跑步和参加聚会的次数比别人都多，我只是保证12个小时投入工作，12个小时娱乐和休息，每天都如此。”

无论你的想法是什么，你必须为实现它做得比其他人更多。如果你把工作看成一种乐趣，那它就是一件比较容易的事。一般来说，奖赏几乎都是给那些比别人干得多的人的。虽说投入时间并不能保证你就会成功，但如果你不投入，结果就可想而知了。

相信自己是最棒的

无论是谁，如果想让别人对自己有一个良好的评价，首先就必须认定自己是优秀的，然后要敢于并充分展示自己优秀的一面，把事情做到最好。你可以敬佩别人，但决不能忽略自己。你可以相信别人，但决不能不相信自己。

一般来说，成功的主要因素在于自己。很多人不相信自己的想法，不相信自己的能力，有时就算有了好的想法也不会付诸实施。而当别人去做并取得了成绩时，却又懊悔不已。其实，不必如此，因为自己是最好的实践者，只要积极主动地把想法落实到行动中，也许下一个成功的人就是你。

有位哲人说得好："人们应谨记一个处世原则，因自我了解而表现出来的举止，就是一般人对自己的观感。"你是想做一个默默无闻的人还是有着丰功伟绩的人，全在于你对自我的评价，而别人可能因为你的自我评价而同样地评价你。

爱因斯坦小时候是个十分贪玩的孩子，他的母亲常为此而忧心忡忡，可母亲的再三告诫对他来讲如同耳边风。直到16岁的那年秋天，一天上午，父亲将正要去河边钓鱼的爱因斯坦拦住，并给他讲了一个故事，正是这个故事改变了爱因斯坦的一生。

故事是这样的：

“昨天，”爱因斯坦的父亲说，“我和咱们的邻居杰克大叔清扫南边工厂的一个大烟囱。那烟囱只有踩着里边的钢筋踏梯才能上去。你杰克大叔在前面，我在后面。我们抓着扶手，一阶一阶地终于爬上去了。下来时，你杰克大叔依旧走在前面，我还是跟在他的后面。后来，钻出烟囱时，我发现一个奇怪的事情：你杰克大叔的后背、脸上全都被烟囱里的烟灰蹭黑了，而我身上竟连一点儿烟灰也没有。”

爱因斯坦的父亲继续微笑着说：“我看见你杰克大叔的模样，心想我肯定和他一样，脸脏得像个小丑，于是我就到附近的小河里去洗了又洗。而你杰克大叔呢？他看见我钻出烟囱时干干净净的，就以为他也和我一样干净呢，于是只草草地洗了洗手就大模大样地上街了。结果，街上的人都笑痛了肚子，还以为你杰克大叔是个疯子呢。”

爱因斯坦听后，忍不住和父亲一起大笑起来。父亲笑完了，郑重其事地对他说，“其实，别人谁也不能做你的镜子，只有自己才是自己的镜子。拿别人做镜子，白痴或许都会把自己照成天才的。”

爱因斯坦听了，顿时满脸愧色。

从此，爱因斯坦离开了那群顽皮的孩子们。他时时用自己做镜子来审视和映照自己，终于映照出生命的熠熠光辉。

凡是有自信的人，都可表现为一种强烈的自我意识，这种自我意识使他们充满了激情、意志和战斗力，没有什么困难可以压倒他们，他们的信条就是：我要赢，我会赢。因为他们自信，所以才会相信自己的选择、相信自己的事业有成功的可能，所以才会坚持到底，直至达到自己的目标。别人怎么看你并不重要，自己对自己的评价才是最关键的。敢于相信自己就能为成功增加筹码，因此，无论什么时候，都要把自己当成是最好的。

为自己的梦想不停奋斗

有人说成功的人都是有梦想的人，这话有一定的道理。梦想是奋斗的动力，奋斗是实现梦想的条件。有梦想才有希望，有梦想才有未来。没有梦想，就不知道自己的道路在哪里。

“为理想而奋斗”这句话我们早已耳熟能详。的确可以说，人生的每次选择都是一种偶然，但每一个选择的背后都有一个梦想在支持，那就是成功。有这样一句口号：“奋斗改变命运，梦想让我们与众不同。”事实确是如此，我们每个人不能选择自己的过去，却可以用奋斗改变自己的未来。

美国少年斯克劳斯的母亲是个裁缝，受母亲的影响，他自小就喜欢时装。尽管家境贫寒，但阻止不了斯克劳斯要做一名出色的时装设计师的梦想。斯克劳斯常常将母亲裁剪后的布角偷来，东拼西凑地做成各种各样的小衣服。

有一天，斯克劳斯将父亲从自家凉棚上撤下来的废棚布捡来做成了一件衣服，这种粗布在当时是专门用于盖棚的。斯克劳斯穿着自己做的衣服走在大街上，很多人都说他是疯子。

斯克劳斯的母亲见儿子沉迷于服装设计，便鼓励儿子去向时装大师戴维斯请教，她希望自己的儿子能成为像戴维斯一样成功的时装设计师。那一年斯克劳斯18岁，他带着自己设计的粗布衣来到了戴维斯的时装设计公司。当戴维斯的弟子们看到斯克劳斯设计的衣服时，忍不住哈哈大笑，他们从来没有看到过如此粗俗的衣服，可是戴维斯却将斯克劳斯留了下来。

在戴维斯的鼓励与帮助下，斯克劳斯设计出了大量的粗布衣。可是，没有人对斯克劳斯的衣服感兴趣。斯克劳斯设计的衣服大量积压在仓库里，但斯克劳斯很固执，他坚信自己的衣服一定会受到人们的欢迎，于是他试着将那些粗布衣服运往非洲，销给那里的劳工们。

由于那种粗布价格低廉、耐磨，居然很受劳工们的欢迎，衣服很快便销售一空。斯克劳斯又将那些粗布衣服做成适合旅行者穿的款式，因为它的沧桑感和洒脱，居然又很受旅行爱好者的欢迎。之后，斯克劳斯又设计出了许多种款式。

人们惊奇地发现，那种衣服穿在身上不但随意，还有一种很特别的风味，而且不分季节，任何年龄的人都可以穿。一时间，大家都争着穿起了斯克劳斯设计的粗布衣。

如今，那种衣服已风靡全球，那就是以斯克劳斯与戴维斯为品牌的牛仔衣。

斯克劳斯的故事告诉我们，一个人只要认为自己所做的事是正确的，那就大胆地去做，哪怕你的梦想只是一件粗布衣，只要坚持下去，粗布衣也可以成为漂亮的时装。

梦想是世界上最贵的东西，当一个人心中怀有梦想时，他的生活就会充满热情和希望，也就不会迷失前进的方向。纵观很多的成功人士，他们都怀着梦想并为之奋斗，最终得到了自己想要的一切。作为追寻成功的人来说，梦想可以说是成功的舞台，有了梦想才有了希望和动力。因此，有梦想就了不起，成功从梦想开始。

打破心理障碍就能成功

成功之路没有坦途，只有各种障碍。有的人被困难吓倒，不敢再往前迈步。然而在很多时候，那些困难其实没有我们想象中的那么不可跨越，有时它们是人为设置的。因此要想成功，先要跨过自己心中的栏杆。

在人生的奋斗中，我们的面前往往横亘着一道道难关。倘若我们心存疑虑，畏首畏尾，势必寸步难行、一事无成。我们只有坚定信念、鼓足勇气、突破心理障碍，才能不断地超越自我，达到更高的境界。

巴拉斯出生于一个贫困的家庭，12岁那年，一个名叫威尔逊的跳高运动员把她带到运动场上教她练习跳高。刚开始时，巴拉斯站在运动场上不敢动弹，她胆怯地问："威尔逊先生，我真的能像您一样成为一名跳高运动员吗？"威尔逊反问她："为什么不能呢？"巴拉斯说："您难道不知道，我的母亲是一个患有精神分裂症的人，我的父亲是残疾人，并且还是一个酒鬼，我的家境很糟糕……"

威尔逊再次反问她："这些跟你跳高又有什么关系呢？"说完，威尔逊给她加了一个1米高的栏杆，结果被巴拉斯轻易地跳过了。威尔逊又将那根栏杆撤下来，结果巴拉斯仅能跳过0.6米。威尔逊说："现在这根栏杆就是你苦难的家境，而没有这根栏杆，你跳高的时候就没有足够的动力，如果你不相信的话，我现在就将栏杆加到1.2米，你一定能够跳过去的。"巴拉斯咬了咬牙，真的跳过了1.2米。巴拉斯相信了威尔逊的话，决定要出人头地，以自己的实力来改变家里的现状。

后来，经过威尔逊的介绍，她加入了体育俱乐部，并认识了罗马尼亚的全国男子跳高冠军约·索特尔。在索特尔的精心培育下，14岁的巴拉斯跳过了1.51米。1956年夏天，19岁的巴拉斯终于跳过了1.75米，第一次打破了世界纪录。

可以说，跨越栏杆是人生的一次次挑战。面对生活和工作中的不如意，我们只有积蓄能量，想方设法去面对，才能成为自己的主人。选择跨越，一方面可以得到身心的磨炼与考验，增加驾驭命运、掌控未来的力量，另一方面也通过成功跨越增强了自己的信心，成就了自身的事业，使自己可以上升到更加广阔的发展平台。

布勃卡是闻名全球的奥运会撑竿跳冠军，他曾35次创造了撑竿跳世界纪录，享有“撑竿跳沙皇”的美誉。

殊不知，布勃卡和其他的撑竿跳选手一样，也曾有过一段失落的日子。有一天，他照例来到训练场，却怎么也打不起精神，连连叹气，他对教练说：“我实在跳不过去。”教练问他：“你心里是怎么想的？”布勃卡如实回答说：“我只要一踏上起跑线，看到那根高悬的横杆时，心里就害怕。”教练一声断喝：“布勃卡！你现在要做的就是闭上眼睛，先把你的心从横杆上‘摔’过去！”教练的厉声训斥。让布勃卡如梦初醒，顿时恍然大悟。他遵从教练的吩咐，重新撑起跳竿又试跳了一次，这一次他果然顺利地一跃而过。

对于弱者来说，栏杆似乎是无法逾越的障碍，阻挡他们前进的步伐，可能使人一蹶不振。但是只要你真正去努力了，你就会发现那个栏杆并没有你想象中的那样高不可攀。而对于勇者而言，栏杆更是迈向成功的前进阶石，可以鼓舞人的斗志，壮大自身的实力。不断制造或寻找栏杆并努力跨越栏杆，命运将会开启成功之门，人生的舞台也就越精彩。

快乐能够帮助成功

人们通常认为成功会使人快乐，但美国一项最新研究表明，快乐才是促使人取得成功的关键因素。快乐的人似乎更乐意树立并努力实现一个个新的目标，这会进一步增强其乐观积极的情绪。要想成功，我们就要拥有一颗快乐的心。

有人说，快乐就是成功，这是一种充满阳光的人生哲学。在现实生活中，我们不难见到这样一类人，他们脸色红润，身体健康，笑口常开，心情愉快，他们活出了人之为人的全部趣味，但在事业上却没有太大的建树，与名利双收、功成名就不怎么沾边。这样的人是失败者吗？其实未必。

莎士比亚在谈到人生的处境时曾经有过一个很经典的比喻，他说，我们的身心就是一个园圃，而我们的主观意志就是园圃的园丁。我们不论是种植奇花异草或单独培植一种树木，还是任其荒芜，权力都在我们自己。

美国专栏作家威廉·科贝特曾在一篇文章中写道：我们的目光不可能一下子投向数十年之后，我们的手也不可能一下子就触摸到数十年后的那个目标，之间的距离，我们为什么不能用快乐的心态去完成呢？

年轻时，威廉·科贝特辞掉了报社的工作，一头扎进创作中去，可他心中的“鸿篇巨制”却一直写不出来，他感到十分痛苦和绝望。

一天，他在街上遇到了一位朋友，便不由得向他倾诉了自己的苦恼。

朋友听了后，对他说："咱们走路去我家好吗？""走路去你家？至少也得走上几个小时。"朋友见他退缩，便改口说："咱们就到前面走走吧。"

一路上，朋友带他到射击游艺场观看射击，到动物园观看猴子。他们走走停停，不知不觉，竟走到了朋友的家里。几个小时走下来，他们一点儿都没有感到累。在朋友家里，威廉·科贝特听到了让他终生难忘的一席话："今天走的路，你要记在心里，无论你与目标之间有多远，也要学会轻松地走路。只有这样，在走向目标的过程中，才不会感到烦闷，才不会被遥远的未来吓倒。"

就是这番话，改变了威廉·科贝特的创作态度。他不再把创作看作是一件苦差，而是在轻松的创作过程中，尽情地享受创作的快乐。不知不觉间，他写出了《莫德》《交际》等一系列名篇佳作，成为美国著名的专栏作家。

境由心造，不论我们处于什么境地，我们都可以把它当作自己的福地。成功的时候，尽情地享受成功；逆境的时候，为未来的希望快乐。

事实上，任何不能带来真正快乐的成功，都不能称之为成功。也许，那会是别人眼里的成功，但绝不是你自己认定的成功。很多大家认为的"成功者"，他自己却并不快乐。很多达到"成功"的人悔不当初，他们直到后来才终于了解，自己奋力追求的"成功"根本没有尽头，他们被囚禁在自己辛苦塑造起来的角色里，郁郁寡欢，苦不堪言。

成功者告诉我们说，努力去追求成功并不表示你达到了目的，努力之后能换得快乐和满足才是最重要的。快乐是成功的法宝，要想体会成功的滋味，就要有一颗快乐的心。

别对自己失去信心

每个人对成功的理解都不尽相同。有人说，有足够的钱就是成功了；也有人说，有名和利才算成功；还有人说，做好了自己想做的事就是成功。不管成功是什么，普天之下，不论贫富贵贱，都没有人会站出来说："我不想成功，我也不愿意成功！"

那怎样才能成功呢？西方有句谚语说得好："上帝只拯救能够自救的人。"那么，我们也可以说，成功只属于愿意成功的人。

如果你不想成功，谁拿你也没办法！当你总是认为自己不可能成功时，即使是上帝也无法帮你。成功不是一个已经做好了的蛋糕，别人吃了许多，就没你的份了。成功这块蛋糕，是永远都切不完的，但问题的关键在于成功的蛋糕需要我们自己动手去切。只有这样，你才能分得一杯羹。

美国的纽约街头有一个卖气球的小贩。当生意不好的时候，他就放飞几只气球，以此吸引孩子们的注意。每当他要放气球时，总会有很多小朋友前来围观。有一些小朋友就会买几个色彩艳丽的气球。

有一天，他又要放飞几只气球，引起孩子们一阵欢呼声。可是，他发现围观的孩子中有一个黑人小孩，正用疑惑的眼光呆呆地望着天空。顺着他的目光，小贩看见天空中飞着一只黑色的气球。那是一个种族歧视严重的年代。黑色，在当时是卑劣、低等、肮脏的代名词。

精明的小贩很快就看出了这个黑小孩的心思，他走上前去，用手轻轻地触摸着黑人小孩的头，微笑着说：“小伙子，黑色气球能不能飞上天，在于它心中有没有想飞的那一口气，如果这口气足够大，那它一定能飞上天空的！”

是啊，气球能不能飞上天，与气球的颜色并无关系。

在生活中，不乏像黑人小男孩这样的人。他们总在想，不可能的，我已经不再年轻了，是跑不过那个年轻人的；我学历又低，又没有工作经验，没有公司会录用我的；我长得不好看，也没有个性，不可能吸引众人的目光。抱着这样的想法，无疑是把自己限制在了一个牢不可破的笼子里，你无法施展自己的才能，更不用说成功了。给自己设限，只会越来越平庸。也许下面这个故事，会给你更多启发：

有一个性格内向的年轻人要参加一个舞会，他觉得在那么多人面前，自己一定会害羞，于是非常担心，忐忑不安。他越担心，他表现得就越糟糕，他也就愈加认定了自己是个害羞的人。

年轻人为自己的“假设”找到了完美的原因，于是，他真的就成为一个害羞的人。人一旦给自我设限，就会陷入一个恶性循环之中，久久不能自拔。长此以往，你可能做到的事也就变成做不到的事了。

所以，只有自己想成功，才有成功的可能性。一个不去想事情的人，永远也成不了任何事情。因此，要想成功，首先就要解除“自我限制”的枷锁，然后大胆告诉自己，我能行，我一定能行！

梦想的力量使你成功

我们小时候都有许多梦想：当一个科学家，去探索宇宙的奥秘；当一名教师，让自己桃李满天下；当一名医生，为人们解除所有疾病……长大后，儿时的梦想被活生生的现实所代替，我们变得很实际：当科学家？我没有那个头脑；当画家？我没有画画的天赋……我们彻底地丢弃了那份梦想！

其实，有梦想才能创造人生。如果一个人有梦想，并认为自己有一个美好的未来，那么他对今日遭受的痛苦，都会毫不介意，因为他一直憧憬着那个未来。一个有梦想的人，即使他前进的道路上风雨交加，也不能阻止他前进的脚步。

马登是美国成功学的奠基人和最伟大的成功励志导师，他曾说：“梦想是一个人生活的航标，梦想是对未来美好的憧憬，人人都应该有梦想。”

看看女作家海伦是如何实现自己梦想的吧：

海伦在年少时就有一个梦想，她想成为一位作家。但是，她并没有充足的时间去进行创作。可是，她并没有忘记自己的梦想。50岁的那天，她退休了，终于有空闲的时间了。

海伦开始创作，并写下了自己的第一部悬疑小说。她满心欢喜地把稿件寄给了三家出版社，可是，她收到的却是三份退件。不过，她并没有灰心，而是将书稿又寄给了三十三家代理商，但没有一家愿意代理出版她的作品。

代理商认为海伦的作品很有创意，但仅有创意远远不够。也就是说，他们认为海伦的小说除了创意之外一无所有。海伦认为这是自己提高写作水平的机会。因为有了这些批评，她就知道了自己的弱项在哪里，强项是什么。

为了写出更好的稿件，海伦报名参加了一个研习班，主要学习犯罪调查理论和辩论的技巧。时间一长，海伦的写作技巧有了很大的提高，而且积累的素材也越来越丰富。于是，她重新构思，又开始了创作。

在一个作家会议上，海伦带去了自己已经完成了一半的作品。这次，她选择了实力最强大的一家出版社，把稿件交给他们看。果然不出所料，出版商看完小说，马上就问她："你想要多少稿费？"

海伦计算了一下，认为如果自己有12万美元就可以在两年内安心写作，还可以进一步研修，于是给代理商说出了这个数字。代理商立即就同意了，就这样，海伦出版了自己的第一部小说《盐的世界》，当时，她已是52岁高龄了。

有梦想还需要付出努力，这样才能把梦想变为现实，这就是海伦带给我们的启示。

梦想是社会前进的动力，人类因为有了梦想世界才变得美好起来。莱特兄弟之所以制造出了飞机，是因为人类有了飞翔的梦想；在伟大梦想的指引下，人类克服了种种困难，从一次次失败中走向了成功。

梦想是我们前进道路上的灯塔，也是我们对生活的一种积极的态度和对未来美好的期盼。一个人如果没有梦想，就好比鸟儿没有了飞翔的翅膀，无法飞到更高的山巅，一览众山小。为了实现梦想，有多少勤劳、热爱生活的人走在追求的路上，即使道路崎岖，也阻止不了他们前进的脚步。因为他们知道，走过去，成功就在前方。

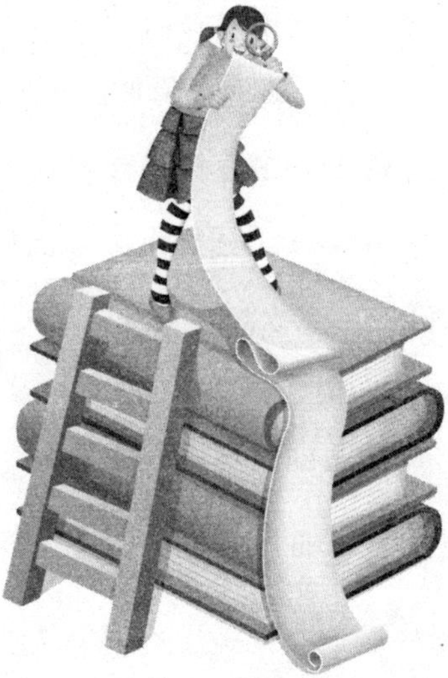

把不可能逐出自己的世界

伟大的成功学大师安东尼·罗宾说过：“大自然赐给每个人以巨大的潜能，但由于没有进行各种智力训练，每个人的潜能因此从未得到过淋漓尽致的发挥；并非大多数人命里注定不能成为爱因斯坦式的人物，任何一个平凡的人都可以成就一番惊天动地的伟业。人人都是天才，至少天才身上的东西，都能在普通人身上找到萌芽。”

你是否觉得不可思议？但是请不要怀疑这种惊人的说法，因为许多事实证明，人的潜能犹如一座巨大的待开发的金矿，蕴藏着无限的能量，价值更是难以估计。

玛丽·雷顿是第一位获得奥运会体操单项金牌的美国运动员。在她上中学的时候，就已经是全州的体操冠军了，但是她很清楚，自己的水平与世界顶尖级的体操选手还有着天壤之别。14岁那年，她参加了内华达州雷诺市的一场体操比赛。在比赛的过程中，一个叫贝拉·卡洛里的罗马尼亚籍教练始终在关注她。比赛结束后，贝拉·卡洛里马上找到玛丽，充满信心地对她说：“你愿意做我的队员吗？我将让你成为奥运冠军。”玛丽像条件反射一般，想也不想就说：“别说笑了，那是不可能的。”贝拉还是很坚定：“为什么不可能？我说你能，你就一定能。”玛丽还是不相信自己会成为奥运冠军，但在内心，这是她一直以来的梦想。后来，她得知贝拉教练曾经指导过奥运体操金牌得主娜迪亚，便决定追随贝拉，发誓不让她失望。

此后，玛丽在贝拉教练的指导下开始了艰苦卓绝的训练。种种困难让她几次想放弃，她甚至对贝拉说："我想，我并没有成为奥运冠军的幸运，我真的不具备那样的实力。"然而，贝拉一直在对她说："你是可以成为奥运冠军的，只要你坚持下去，一如既往。"就这样，玛丽克服了无数苦难、跨越多重障碍，终于在1984年美国洛杉矶奥运会上，成为女子体操个人全能冠军，也是第一位在体操项目上夺得金牌的美国女子运动员。此外，她还获得了女子团体操和跳马的银牌、高低杠和自由操的铜牌，5枚奖牌的佳绩使她成为这届奥运会夺取奖牌最多的美国运动员，堪称美国队最大的赢家。

至此，我们完全有理由相信，不仅仅是玛丽，我们每个人身上都潜藏着巨大的能量，犹如一个沉睡的巨人，需要以适当的方式去唤醒。只要能够被唤醒，人人都有可能成为爱因斯坦，成为爱迪生。或许有人会说："玛丽只不过是个特例，能被激发出潜能来的人毕竟是极少数，而我只不过是一个普通人，从没幻想过可以成为爱因斯坦、爱迪生。"这种想法，其实正是他平庸的根源所在——他从未期望过自己做出什么大事，也不愿相信自己能做出伟大的事，这样他就为自己设了限。如果你不甘于平淡无味的生活，那么，不管前方有多大的阻力、多么难以克服的困难，请试着给自己一点儿信心，试着唤醒自己心中的巨人，努力而认真地做上一件事情，相信在不久的将来，你必定能成功。

多些耐心，就走向成功

我们都知道欲速则不达的道理。一个有所追求的人，往往需要有极大的耐心，深入了解事物的关键所在，才能有的放矢，圆满地达到目标。遇到难题的时候，应该学会等待，慢慢寻找成熟的时机，如果急于求成，往往会适得其反。

很多人抱怨自己付出了太多，却没有得到相应的回报，而在成功者看来，成功就深埋在你的脚下，既看你想不想挖掘它，更看你挖掘得深不深。寻找成功，需要有一份不达目的誓不罢休的决心和耐心。在很多时候，总有办法可以解开难题。在方法总比困难多的情况下，只要大家耐心一点儿，再耐心一点儿，问题就会迎刃而解。

最后，老总微笑道："其实，工作中是没有解不开的问题的，只要多点儿耐心，总会想到解决问题的办法。"

在面对困难的时候，坚持是最明智的选择。在成功的道路上，如果你没有耐心去等待成功的降临，那么，你就只好用一生的耐心去面对失败了。

日本有一个流传近千年的故事。

阿呆和阿土是两个渔民，总是梦想着成为富翁。

有一天，阿呆做了一个梦，梦里有人告诉他对岸岛上的寺里有49株朱槿树，开红花的一株下面埋了一坛黄金。阿呆满心欢喜地驾船去了小岛，岛上一切景象果然如梦中所说。春天一到，朱槿树全部开花，只不过开的是清一色的淡黄花。阿呆便垂头丧气地回去了。

阿土知道了这件事后也来到了寺里，从秋天一直等到第二年春天。果然，在春风的吹拂下，朱槿花凌空开放，一株朱槿树盛开出美丽绝伦的红花。阿土激动地在树下挖出了一坛黄金，成了村里最富有的人。

阿呆的梦想没有成真，阿土却实现了梦想。因为阿呆做事没有恒心、没有执著追求的精神。我们每个人都有自己的梦想，不管你的梦想是大还是小，要实现它，总会遇到很多的困难和挫折。如果你有了战胜困难的决心，有了不达目的决不罢休的执著精神，那你也一定会最终收获成功。

成功需要最后的那一点儿耐心，因为在放弃的时候，往往也正是离成功最近的时候，这是人生中不变的定理——人生犹如一条狭长漆黑的小巷，我们都穿行在其中，而且都不知道巷子的长度，只有走到了巷子的出口才算是成功。走在这样一条寂寞的小巷里，必须要有足够的信心和耐心。毫无疑问，离巷子出口最近的地方，往往就是我们熬不下去、准备回头之处。

当我们为某个目的努力奋斗了一段时间而未果的时候，如果没有信心和耐心而放弃了，就等于以前的努力都白费了，而这时候，却正是离成功最近的时候。因此，有点儿耐心，成功就会到来。

PART 3 第三章

明确目标就要行动

MING QUE MU BIAO JIU YAO XING DONG

博恩·崔西是世界一流效率提升大师，他说："成功最重要的是知道自己究竟想要什么。成功的首要因素是制订一个明确、具体而且可以衡量的目标。"所以说，一个成功的目标是明确的，符合实际的，想要成功就要有所行动，即便知道会失败，也要行动，不行动只有一种可能，那就是失败，做事要有行动力，动作快的不如动作早的，俗话说："慢鸟先飞早如林。"不怕慢就怕站，路虽远，行则至。

目标创造出灿烂的人生

对于成功者而言，有了积极的心态还不够，积极的心态只是成功的第一步。它就好比建筑物的基础，有了它，才可以在上面继续开工，而目标就是这栋建筑物的砖石。

目标对一个人的成功，作用有多大？它是一个人追求的最终结果，也是成功路上的里程碑，对一个人的意义非常重大。成功者更坚信这一真理，希尔也这样认为：

多年以前，埃德温·巴恩斯有一个宏伟的目标——成为爱迪生的工作伙伴。但要实现这个目标，他必须解决两个难题。第一个难题是他与爱迪生并不相识。第二个难题是他没有足够的钱去新泽西州的奥兰治。也许很多人面对这样的难题就退缩了，但是巴恩斯没有。没有钱买火车票，他就偷搭货运火车到爱迪生所在的城市。不认识爱迪生，他就主动上门拜见爱迪生。当他历经艰辛来到爱迪生办公室时，自己看起来已经像一个十足的流浪汉了，衣衫褴褛，蓬头垢面。但是，眼里却燃烧着热情的火焰。经过一番简短的交谈，爱迪生被他身上的激情打动了，给了他一份勤杂工的工作。虽然没能和爱迪生一起工作，但巴恩斯并不沮丧，最起码自己已经认识了爱迪生。现在，他离自己的目标又近了一步。经过几年的努力，他终于实现了自己的目标，成为爱迪生事业上的伙伴。

在《思考致富》中，有这样一段精辟的文字评论了巴恩斯的这一行动："如果一个人有目标，并执著地去追求，就会创造一个让人称奇的人生。"

同样的道理，即使在同一种环境下生活长大的孩子，都会有着不同的人生。之所以会这样，就是因为每个人心中的目标不同。成功之人与平庸之辈的差别并不在天赋，也不在环境和机遇，而在于他有远大的人生目标。如果一个人没有目标，他就不知道该走向哪里，自然也就没有任何动力。西方有一句谚语说得好："如果你不知道你要到哪儿去，那通常你哪儿也去不了"。

古语有云："取法于上，仅得其中，取法于中，仅得其下。"树立一个伟大的目标，实现的也可能是一个打了折扣的目标。如果树立的是小目标呢？结果可想而知。

一个伟大的目标，会让一个人做大事，为更多的人和事费心出力，解决更多、更艰难的问题。例如，成为一个社会活动家或政治家，就要为人类的和平与发展而努力拼搏；作为一个法律工作者，就要为国家的法制建设、为公平和正义而奋斗；做一个企业家，就得对企业的众多工人及社会负责……这些都需要你解决很多问题。要解决这些问题，你必须得有很大的本领，有很多知识，很强的技能，有时甚至不计个人得失，为公共利益牺牲自己的利益。在这个过程中，你会渐渐地获得丰富的知识，提升自己的能力，你甚至能变成一个胸襟开阔、大公无私的人，以你自己的方式为他人、为社会服务。而此时的你，自然也会得到他人和社会的认可。于是，你就因为目标伟大而终于成为一个不平凡的人了。

目标明确才有可能实现

每个人都有自己的目标，有的人想要“很多钱”、有的人想要“很大的房子”、有的人想要“很高的工资”或者是“很大的公司”。可是，你有没有想过，多少钱是很有钱呢？多少平方米是很大的房子呢？工资多少才是高收入呢？什么样的规模才算是大公司呢？其实，在树立目标时，我们应该尽力避免这些模糊不清的词语，因为它们对你的成功一点儿好处都没有。一个能对生活产生影响的目标应该是详细的、明确的。

举个例子来说，如果你的目标是拥有一栋很大的房子，你就不能只讲“大”或“好”，你应该找出你心仪的房子，确定它的位置，算出它的价格。然后，你要计算自己如何才能买到这样的房子，最后为之努力奋斗。只有这样，你才可能实现自己的目标。如果你想拥有一家公司，就要考虑是什么性质的公司，是与其他人合作，还是自己独创？这些都必须量化，都必须搞清楚。因为目标对于成功者而言，真的很重要。

前美国财务顾问协会的总裁刘易斯·沃克在接受一位记者采访时，被记者问道：“究竟是什么原因让很多人与成功无缘呢？”

沃克爽快地回答：“是模糊不清的目标。”

记者露出了疑惑的表情，沃克进一步解释道：“我刚才问过你一个问题，即你的目标是什么。你告诉我，是有一天想在风景秀丽的郊区买一栋别墅。我可以告诉你，这就是一个模糊不清的目标。我想请问你，‘有一天’是哪一天呢？郊区又是哪一郊区呢？郊区的别墅各种各样，价格也各不相同，你想买什么样的呢？如果你不能明确地回答这些问题，我可以很明确地告诉你，你成功实现自己目标的机会并不大。”

“我的建议是，如果你想实现自己的目标，就算5年内实现吧，你先算出你想买那栋别墅现在需要多少钱，然后计算通货膨胀，估算出5年后这栋房子的价格；接着，你得计算为了实现这个目标，你每月需要赚多少钱，然后衡量自己，现在是否能赚那些钱。只有经过此番计算，你才可能在不久的将来实现这一目标。但如果你只是说说，目标是根本不可能会实现的。”

当一个人的目标明确时，他就能随时将自己的行动与目标相对照，从而清楚地发现自己的行动与目标是否一致。只有这样，才能保证自己不偏离目标的轨道，而且因为有目标在前，才能克服一切困难前进，努力达到目标。

每个人都应该树立一个明确的目标，当我们对这个目标的追求变成一种执著时，你就会发现你所有的行动都会带领你向着这个目标前进，而成功就在不远处。

制定明确可行的计划

有了目标之后，还要制订实现目标的计划。有人会说，目标和计划有什么区别吗？我们都明白，目标并不等同于现实，二者之间也有一段距离，就像隔着一条河流。可是，河有深有浅，有窄有宽，有的河流中间甚至波涛汹涌。而要跨过河去，就必须要有过河的方法。这个方法，其实就是计划。所以说，当我们树立了一个目标之后，就要立刻根据自己的情况制订实现目标的计划，这样，朝着目标前进才有路可循。

人们都说目标指引一个人的行动，它如航海中的灯塔，那路线就是通向灯塔的路线。只有目标是不够的，还要有计划。有些人制订了目标后，就开始马上行动，但往往因为这样或那样的原因而导致无法实现目标。也有些人因为制订的目标比较长远，一时不知道从哪里下手，在拖延中品尝着失败的滋味。

有一家公司为了激励员工，制订了一项政策，当一个月的销售额达到20万元时，就可以免费去海外旅游。有一个员工为自己制订了一个目标，就是得到免费旅游的机会。他的工作态度不但开始变得积极了，而且他还制订了一个销售计划。他告诉自己：要想一个月的销售额达到20万元，每个月工作25天，也就是说每天要有8万元的业绩。要想做到8万元，至少要拜访10位客户。那么，一个月就要拜访250位客户。计划做到这里还没有完结。他还问自己，这250位客户在哪里呢？自己是不是已经把拜访的行程安排到这25天的工作日程中了？在这些客户中，有哪些客户买东西的可能性最小呢？还需要再预备多少客户呢？当他把这些问题都一一解决掉时，一份完美的计划就出炉了。按照这个计划行事，他终于实现了自己免费旅游的梦想。

在制订计划时，还有一个问题需要引起我们的注意，那就是制订的计划一定要具有可操作性。如果计划没有可操作性，那么计划就失去了它本来的意义。所以，我们在制订计划时，一定要对自己和环境有一个比较清晰的了解，否则，就不能制订出务实的计划，更不能保证计划能够被执行。

总之，计划是行动的路线，只有一个完整而务实的计划才能让我们顺利实现目标。假如我们在行动前，能够考虑各方面的因素，精心制订一个计划，那么我们就一定会将事情做得很完美，目标也就唾手可得了。

一心一意实现自己的目标

成功需要专一的心态，但很少有人能做到专一。面对诸多诱惑，人们很容易改变最初的想法。如果想要获得成功，就请记得“专一”二字并踏实地履行吧。

一个人往往有许多目标，但是，如果你想成功，你就得锁定一个目标并努力去实现这个目标。好猎人只追一只兔子，如果猎人面前有好几只兔子，他就不能专心地去追捕一只兔子，而是一会儿追这只，一会儿追那只，也许最后他一只兔子也追不着。

法国作家莫泊桑很小的时候便表现出了出众的聪明才智。只要是他读过的书，不管是什么人什么时候问起，他都能够倒背如流。而且他爱好广泛。不但热爱读书、写诗作文，还喜欢踢足球、弹钢琴、甚至是去乡下种菜，这些都是他热衷做的事情。

有一天，莫泊桑跟舅父去拜访好友、著名作家福楼拜。莫泊桑的舅父想将他推荐给福楼拜，让他做莫泊桑的文学导师。福楼拜问莫泊桑会些什么，莫泊桑得意地说：“我什么都会，只要你知道的，我就会。”

福楼拜不慌不忙地说：“那好，你就先跟我说说你每天的学习情况吧。”

莫泊桑自信地说：“我上午用两个小时来读书写作，再用两个小时来弹钢琴，下午则用一个小时的时间向邻居学习修理汽车，用三个小时来练习踢足球。晚上，我会去烧烤店学习怎样制作烧鹅，星期天则去乡下种菜。”

说完后，莫泊桑得意地反问道：“福楼拜先生，您每天的工作情况又是怎样的呢？”

福楼拜笑了笑说：“我每天上午用四个小时来读书写作。下午用四个小时来读书写作，晚上，我还会用四个小时来读书写作。”

莫泊桑不解地问：“难道您就不会别的了吗？”

福楼拜没有回答，而是接着问：“我还想问问，你究竟有什么特长，比如有哪样事情你做得特别好的？”

这下，莫泊桑答不上来了，于是，他反问福楼拜：“那么，您的特长又是什么呢？”

福楼拜说：“写作。”

原来，特长便是专心地做一件事情。人心是块田，你种下什么，便会长出什么。但如果你将各种作物统统种在一块田里，那将什么也长不出来。只有选择一颗适合自己的种子，并日积月累地以汗水浇灌，才能培育出成功的果实。

要制定切合实际的目标

成功离不开目标，但不是不切实际的目标。很多时候我们无法实现远大的目标，这是因为有些条件还没有完全具备，但是只要踏踏实实地从最小的目标开始做起，我们就能最终到达成功的彼岸。

成功离不开的是目标，但成功的最佳目标往往不是最有价值的那个，而是最有可能实现的那个。在制订目标时，我们不能贪大求多，而要根据自身的条件，尽量合理地制订最符合实际的目标，也就是说目标要和自身情况相匹配。否则，不但不会成功，还会让过高的目标压得自己喘不过气。

一位青年懊恼地去找一位智者。

他大学毕业后，曾豪情万丈地为自己树立了许多目标，可是几年下来，依然一事无成。他找到智者时，智者正在河边的小屋里读书。

智者微笑着听完青年的倾诉，对他说："来，你先帮我烧壶开水。"青年看见墙角放着一把极大的水壶，旁边是一个小火灶，可是没发现柴火，于是便出去找。他在外面拾了一些枯枝回来，然后将满满一壶水放在灶台上，在灶内放了一些柴火便烧了起来，可是由于壶太大，那捆柴火烧尽了，水也没烧开。

于是，他跑出去继续找柴火，回来时那壶水已经凉得差不多了。

这回他学聪明了，没有急于点火，而是再次出去找了些柴火。由于柴火准备得足，水不一会儿就烧开了。

这时，智者问他：“如果没有足够的柴火，你该怎样把水烧开呢？”青年想了一会儿，摇摇头。

智者说：“如果那样，你就把水壶里的水倒掉一些。”青年若有所思地点了点头。

智者接着说：“你一开始踌躇满志，树立了太多的目标，就像这个大水壶装的水太多一样，而你又没有足够的柴火，所以不能把水烧开。要想把水烧开，你或者倒出一些水，或者先去准备柴火。”青年顿时大悟。

回去后，他把计划中所列的目标划掉了许多，只留下最近的几个，同时利用业余时间学习各种专业知识。

几年后，他的目标基本上都实现了。

因此说，目标不在高远，而在切合实际，只有删繁就简，从最近的目标开始，才会一步步走向成功。

作为年轻人，志存高远绝对没错，但是我们一定要在高远的目标与当前的现实之间找到一条切实可行的最佳路径。这条路径也许不能直接到达目标，但却是最快的。而这条路径上的每一个点，对于我们来说都应该是可能实现的。通过这条路径，我们可以一步步地实现自己的目标。

通往成功的路有很多，但由于种种原因，你只能选择一条。也许在最开始这不是你的所愿，但这也许是最适合你的。人生最明智的做法就是学会适时地放下，只有这样，你才能更好地把握当下，把握成功。

人生有太多的可能，每个人都面临着多种多样的选择，而成功的人也是放弃了一些才得到了当下的成就。从某种意义上来讲，正确的选择等于成功。虽说选择的可能有多种，但只要选定了一种并为之付出没努力，就能拥有不凡的成绩。

目标要不断地升级

有什么样的目标，就有什么样的人生。你今天站在哪个位置并不重要，但你下一步迈向哪里却很关键。不断升级自己的目标并踏实地付出努力，你就会发现成功已经离你不远了。

对于每个有志于成功的人来说，不管现在他多么贫穷或者多么笨拙，只要他有着积极进取的心态和更上一层楼的决心，就值得鼓励。对于一个渴望在这个世界上立身扬名、成就一番事业的人来说，任何东西都不是他前进的障碍。不管他所处的环境是多么恶劣，也不管他面临怎样的艰难险阻，他总是能通过内心的力量驱使自己脱颖而出，勇往直前。

路易斯和卡德治是学计算机的，两人同一年毕业于同一所大学。工作之后，两人都不安于现状。有时和他们一起聊天，两个人都发着怀才不遇的感叹。

路易斯常说，他的唯一目标就是比尔·盖茨。他买来所有有关比尔·盖茨的书籍，阅读所有有关比尔·盖茨的报道。他早出晚归，寻找着所有可能变成比尔·盖茨的机遇。他常跟家人和朋友说，为了实现这个人生目标，他可以抛弃一切。

相比之下，卡德治的目标则低很多。他所就职的公司对面有一家很小的电脑店，他说，能开这样一间店，他就满足了。一年后，他真的辞职了，开了一间这样的小店。由于善于经营，他的生意很是红火。

过了一年，当两人再凑在一起聊天时，路易斯仍然要不顾一切地变成比尔·盖茨，卡德治则把目标变得稍高了一些。他说，如果能把这个小店变成一家小的公司，他就真的满足了。

又一年过去，路易斯已经被比尔·盖茨这个宏伟的目标压得透不过气来，而卡德治果真把那家小店变成了一家公司。

现在，路易斯仍然在以前的公司里打工，仍然看有关比尔·盖茨的书，听比尔·盖茨的消息，寻找成为比尔·盖茨的捷径，而卡德治，已经开始考虑他的连锁店了。

显然，路易斯把他的目标定得有点儿高不可攀了。当然，这并不是说他不可能变成比尔·盖茨，而是当一个目标太过遥远时他就觉察不到自己的进步。或许终有一天，他会无奈地放弃。而卡德治无疑是聪明的。他的目标就在不远的眼前，可以感觉到自己迈出的最微小的一步，都在向目标靠拢。

球王贝利在20多年的足球生涯里，参加过1364场比赛，共踢进1282个球，并创造了一个队员在一场比赛中射进8个球的记录。他超凡的技艺不仅令万千观众心醉，而且常使球场上的对手拍手称绝。

他不仅球艺高超，而且谈吐不凡。当他个人进球记录满1000个时，有人问他："你哪个球踢得最好？"

贝利笑了，意味深长地说："下一个。"

他的回答含蓄幽默，耐人寻味，像他的球艺一样精彩。

虽然说人往往习惯于表现自己所熟悉、擅长的领域。但是如果我们愿意回首，细细检视，将会恍然大悟，我们在看似紧锣密鼓的工作挑战以及难度渐升的环境压力下，个人的能力早已在不知不觉间得到了提升。

将自己的目标量化

在大目标面前，人们容易产生一种恐惧感，觉得可望而不可即，于是总想着放弃。而且目标“大”，就不容易出成绩，时间一长，人们就会因为没有成就感而变得沮丧，甚至可能会放弃目标。但是，把大目标分解成小目标后，目标就在眼前，既容易找到，也容易完成。人们的信心就会大增，当然会更努力前进了。

1984年，日本东京举办了一场国际马拉松邀请赛。在比赛中，一个没有名气的日本选手山田本一却拿到了冠军，真是出乎所有人的意料。赛后有记者采访他，问他取得冠军的秘诀。他只说了一句话：以智慧战胜对手。很多人无法理解这句话的含义，因为马拉松比赛是最考验人的体力和意志力的比赛之一，没有足够好的身体素质，是没有希望夺冠的。因此，人们都认为这个选手这样回答不过是故弄玄虚而已。

两年后，国际马拉松邀请赛在意大利北部城市米兰举行，代表日本参加比赛的正是山田本一。让人没想到的是，他再次获得了冠军。

十年之后，这个谜团由山田本一自己解开了。当时，他已经退役了，正在写自己的自传。在书中，他写道：“最一开始比赛时，我并不懂如何进行比赛，只知道一直向前跑，通常把自己的目标定在40多千米外终点线上的那面旗上。这样的结果就是，跑了十几千米后，我就感到疲惫了，可是目标远远不见实现。于是，感觉更加疲惫，我被前面剩下的路程吓坏了。后来，在每次比赛之前，我都先把比赛的线路仔细查看一遍，找出沿途比较醒目的标志，用心记下来。比如，第一个看到的标志性的建筑是银行，下一个是一棵特别的大树，再下一个是一座红房子……就这样，我把标志一直记到终点。在比赛时，我先全力向第一个标志跑去，这样我知道自己的下一个小目标在哪里，于是再向第二个标志跑去，就这样，40多千米的赛程，被我分解成几个小目标后，我就能轻松地跑完了。”

人生何尝不是一场马拉松呢？谁都有伟大的目标，为什么有人一事无成，而有人却能与成功为伍？关键就在于能否将目标量化。俗话说，一口吃不成胖子，稍不留神就会被噎到，而目标的实现也无法一蹴而就，它需要不断积累，有一个量变到质变的过程。众多量化的小目标就是这段旅程上的补给站。它们既是上一段路的终点，也是下一段路的起点。

所以，无论你树立的是关乎人类命运的“大目标”，还是关乎个人命运的“小目标”，要想实现目标，都应该将其量化，从现在开始，当你有了一个目标后，一定要记得将其量化，把树立的目标量化成几个小目标，然后全力以赴完成第一个小目标。在达到之后，就用尽全力实现第二个小目标。这样，你就会一直很有激情地实现最后一个小目标，你也就会攀登到成功的顶峰。

坚持下去就能实现目标

安格尔曾经说："所有坚韧不拔的努力迟早会得到报酬。"的确，有了坚持，才有成功的可能，否则一切都是没有可能实现的。

在那段生命中最灰暗的日子里，法克兰·贝格四处碰壁，正准备辞职。他认为自己根本没有当推销员的天赋，所以只要不是做推销员，他什么工作都愿意做，他甚至想过到暖气公司当送货员、到港口当杂工等。

一天，他收到了一个名为"青年会"的协会的邀请，确切地说，这是一个演讲训练班。

于是，第二天一大早，他就来到了会场。会场里座无虚席，大约有一百多人，法克兰·贝格找了一个不起眼的小角落坐下来。这时，一个年轻人走上讲台，慷慨激昂地讲述了自己的经历。当他走下讲台后，一位老师走了上去，对他的演讲发表评论，指出他有哪些值得肯定的地方，还有哪些需要改进的地方。

这位老师给法克兰·贝格留下了深刻的印象，于是他问主持人："刚才站起来讲话的那位老师是谁？"主持人告诉他，这位老师就是大名鼎鼎的训练大师戴尔·卡耐基。

后来，法克兰·贝格来到了卡耐基面前："卡耐基先生，您好，我是费城人寿保险公司的推销员法克兰·贝格。很高兴认识您！""您好，贝格先生。”卡耐基和蔼地说。接着，法克兰向卡耐基讲述了自己的经历，并问他：“卡耐基先生，您能给我一点儿建议吗？我怎样才能克服这些缺点呢？”

“来吧，小伙子，下一个就轮到你上台演讲了！”

法克兰·贝格没有料到卡耐基会让自己上台演讲，他吃惊极了，窘迫得满脸通红，他慢慢地站起身来，走上讲台。他支支吾吾地费了好大的劲儿才向大家介绍清楚他的名字。接着，他开始向大家讲述自己失败的经历。他的声音渐渐大了起来，当他讲完后。竟然有很多人对他说：“您讲得棒极了。”

活动结束后，他回想了这一天的经历，他找到了他以前在正式场合跟人说话总是畏畏缩缩的原因，那就是没有自信。如果这种心理不消除的话，即使做了别的工作，也不会成功的。想到这里，法克兰·贝格坚定了干下去的决心。

第二天，他又出去推销了。这次他主动拜访了当地的一位谷物商。这回，他在这位潜在的顾客面前滔滔不绝、非常兴奋，讲到起兴的时候还用拳头敲打桌子。对方十分认真地听他把话说完，并且与他签了约。这是法克兰·贝格做成的第一笔成功的大买卖。

有人说，成功就是把简单的事情重复做，重复的事情坚持做。如果你有一个伟大的梦想，一个明确的目标，并且愿意为此付出行动，那么当你准备好一切，下定决心去做时，尽管会有困难和阻碍，也不要放弃，而要坚持，只有坚持才会成功。

我们都知道，每一项科学的发明创造都离不开发明者一次又一次的坚持，一直到最后的成功。英国化学家普里斯特利就是因为没有对自己的初步研究继续坚持下去，结果使自己和最后的发现失之交臂了。虽然，我们每一个人都不是科学家，但是在生活中的每一次坚持都会让我们有所收益。

成功的秘诀就是不屈不挠

俾斯麦说，对于不屈不挠的人来说，没有失败这回事。在那些意志坚定的人眼里，他们从来不把眼前的困难看得难以克服。对他们而言，没有不屈不挠的劲头儿，也就没有成功的获得。

可以说，没有谁的成功之路是那么顺利的。坎坷总是难免的，而成功者与失败者遇到的困难几乎没什么差别，但之所以有成功有失败，主要原因在于对待困难的态度。可以毫不夸张地说，成功的一大关键因素在于不屈不挠。如果有了这种精神，那一定会得到成功的青睐。

贝基拉出生在埃塞俄比亚的一个贫苦家庭，很小的时候，他就渴望成为一名驰骋赛场的长跑健将。他时常站在训练场边，羡慕地看运动员们的训练。但极度贫寒的家境，让他自卑得有些羞愧——他不仅拿不出训练费，甚至连最便宜的普通跑鞋也买不起。

一位跨栏教练听了贝基拉的倾诉，将他带到一组很矮的栏杆前，让他一路跑过去，结果，他轻松地跨越了一个个栏杆。教练又指了指那组已升高到足有1.5米的栏杆前让他再试一试，他努力了好几次，也没能跨过去。

这时，教练平静地告诉他："孩子，你刚才所说的那些困难就像眼前的这一道道栏杆，它们会横在每个人的面前，那些你现在跨不过去的栏杆，可以在一次次的失败后，最终跨越它们。你还可以踢翻它们，也可以绕过它们，你只要盯准你向往的前方，只管努力地向前奔跑，相信没有什么可以拦住你的梦想。”

教练的一席话重新点燃了贝基拉的希望。从此，买不起跑鞋的贝基拉开始了他坚定而执著的赤脚奔跑训练。广袤的原野、泥泞的山路、坚硬的戈壁滩上……随处可见他奔跑的身影，他已练出了一双铁脚板。数年后，他成了埃塞俄比亚著名的马拉松运动员。

在1960年罗马奥运会的马拉松赛场上，贝基拉一出现，便引起人们的关注，因为他是唯一一位赤脚的运动员。在数万名现场观众热烈的掌声中，贝基拉为他的祖国赢得了一块沉甸甸的金牌。

四年后，在距1964年的东京奥运会开幕还有20多天时，贝基拉动了一次手术，很多人以为他会放弃比赛。然而，32岁的他不仅出现在马拉松赛场上，而且再夺金牌，成为奥运史上第一个蝉联这个项目冠军的选手，也成为埃塞俄比亚的民族英雄。

面对记者们的话筒，贝基拉激动地感慨道：“一切都很简单，只要站在跑道上，就没有什么障碍可以拦住奔跑的雄心，就只管向前，再向前，一路向前地奔赴梦想的终点。”

没错，在每个人面前，都可能会横着一些诸如清贫、疾病、磨难之类的障碍，只要不失去向前奔跑的雄心，就能勇敢地跨越它们，也就会抵达梦想的前方。

对于每个想要成功的人来说，不屈不挠的精神是必备的，有了这种精神，就有了克服困难的勇气，就能勇敢地面对一切艰难险阻，也就能最终品尝到成功的果实。

实现目标不能轻言放弃

很多成功者的事迹都说明了这样一个道理：成功在于点滴积累，需要在每一个细节比别人做得都好一点儿，比别人的耐力更持久一点儿。只要肯坚持，就能成功。

成功需要坚持，这话不无道理。确定好了前进的方向，就要踏踏实实地去做，不管遇到什么，都不要轻易放弃。不论做什么事，如果不坚持到底，半途而废，那么再简单的事也只能是功亏一篑。相反，只要抱着持之以恒的精神，再难办的事情也会变得很容易。

当然，并不是所有的坚持都会取得胜利。这时，请你不要懊悔。因为你尽管是失败者，但只要努力去做好你应做的事，只要你尽了自己的力量，那么即使失败，你也是强者。而成功从某种角度来看，也并没有那么难，只要多一次努力，再坚持一次，你就能看到成功的希望。

有一对进城打工的姐妹，几经周折才被一家礼品公司聘为业务员。

她们没有固定的客户，也没有任何关系，每天只能提着沉重的各种工艺品的样品，沿着城市的大街小巷去寻找买主。五个多月过去了，她们跑断了腿，磨破了嘴，仍然到处碰壁，连一个钥匙链也没有推销出去。

无数次的失望磨掉了妹妹最后的耐心，她向姐姐提出两个人一起辞职，重找出路。姐姐说，万事开头难，再坚持一阵，兴许下一次就有收获。但妹妹不顾姐姐的挽留，毅然告别了那家公司。

第二天，姐妹俩一同出门。妹妹按照招聘广告的指引到处找工作，姐姐依然提着样品四处寻找客户。那天晚上，两个人回到出租屋时却是两种心境：妹妹求职无功而返，姐姐却拿回来推销生涯的第一张订单。一家姐姐四次登门过的公司要召开一个大型会议，向她订购300套精美的工艺品作为与会代表的纪念品，总价值20多万元。姐姐因此拿到两万元的提成，淘到了打工的第一桶金。从此，姐姐的业绩不断攀升，订单一个接一个而来。

六年过去了，姐姐不仅拥有了汽车，而且还拥有了宽敞的住房和自己的礼品公司。而妹妹的工作却走马灯似的换着，连穿衣吃饭都要靠姐姐资助。

妹妹向姐姐请教成功的真谛。姐姐说："其实，我成功的全部秘诀就在于我比你多了一次努力。"

只相差一次努力，就使原本天赋相当机遇相同的姐妹俩走上了迥然不同的人生之路。其实，不只是这位姐姐，多少业绩辉煌的知名人士，最初的成功也就源于"多了一次努力"。

可以说，生活中有很多事情需要去坚持，只有这样才有可能成功。当你处于最困难的境地时，也就是离成功最近之时。只要你有信心并且用乐观的态度和平和的心态去对待它，相信，在不久的未来，在不经意之间，你就会收获属于自己的成功。

PART 4 第四章

成功需要行动的支撑

CHENG GONG XU YAO XING DONG DE ZHI CHENG

事实证明，如果没有行动，一万个目标也是零。行动具有神奇的力量，只有行动才能改变你的命运。如果你想做，就去做。别恐慌，别犹豫，迅速行动起来。行动只会增强你的信心，而不会增加你的恐惧。天上不会掉馅饼，没有行动，一切幻想都只能是幻想。丘吉尔曾说过，没有行动，就不会有任何结果。

用行动成就自己的梦想

生活中总有一种人，抱有这样或那样想法，整日做着白日梦，梦想成功有一日会像馅饼一样砸到自己的头上。非但如此，他们还会不时地制订各种各样的目标，今天下定决心一定要努力去实现自己的目标，可是第二天早上起来，一切照旧。他们总是在幻想，却从不见行动。这就是平凡的人——晚上想出千条路，早上起来走原路。因此，他们注定永远也无法得到成功女神的青睐。

有一个中年人穷困潦倒，总想着有朝一日能发大财。为此，他经常去教堂向上帝祷告。每次他都会祈求上帝："万能的上帝啊！看在我是您虔诚的子民份上，让我中一次大奖吧！阿门。"几天之后，他又无精打采地回到教堂，再次跪下来祈祷："上帝啊，您为什么不让我中大奖呢？如果我能中奖，我会竭尽全力服侍您。求求您，就让我中一次奖吧！阿门。"几天之后，这名中年人再次来到教堂，重复他的祈祷。如此循环往复，直到有一天，他又跪着说："万能的上帝啊，难道您听不到我的祈求吗？就让我中一次大奖吧！只要一次就能解决我所有问题，我愿把一生奉献给您……"还没说完，他就被一个庄严的声音打断："我已经听见了无数次你的祷告。可是，你最起码也应该买张彩票啊！"

只有行动才会让目标和计划有意义，假如没有行动，一切都将是零。

有家分公司的领导阶层，都是拥有高学历的人，但是公司的工作效益却非常低，业绩一直不理想，甚至有好多次机会都没有把握住，与成功失之交臂。总公司对这种情况很不理解，于是派人下去调查，最终查出了原因。原来公司开会时，每个人提出来的方案与计划都会被其他人挑出许多毛病来。一场会议下来，没有几个提案能被通过。

根据这种情况，总公司派了一位具有实干精神的中年男士出任这家分公司总经理。此人学历不高，但经验丰富，是从基层稳扎稳打一步步走到现在的。在之后的会议中，尽管有一些提案受到诸多指责，但他只要认为大方向没有错，细节也有可取之处的，他就立马拍板通过，其他的再在行动中调整。尽管他也做过一些错误的决定，可公司的运作效率很快上升了很多，一些应该抓住的商业机会也没有错过。在一次会议上，他向众人说："首先先把脚迈出去，然后再边行动边调整是我一贯的做法，在行动中我们可能会遇到一些问题。可是，不迈出第一步，虽然没有问题会出现，但也没有成功会发生。"

俗话说，万事开头难。行动的第一步最难迈出。很多人想制订一个极为周全的计划，想考虑清楚各种情况。他们把未来各种可能遇到的问题都找出来，然后绞尽脑汁，想办法解决问题。可是，解决了一个问题，又有其他的问题产生了。事情变得越来越复杂，最终，他们还未行动就自己否定了自己，被问题压倒了。这样看来，打败他们的竟然是未发生的事，这不是很可笑吗？

因此，成功仅有目标和计划是不够的，要想成功，就要马上行动，并且将行动进行到底！

只说不做等于零

造船厂有一种力量强大的机器，能够把一些破烂的钢铁毫不费力地压成坚固的钢板。善于行动的人就像这种机器一样，异常坚定。只要决心去做，任何复杂困难的问题都无法阻止他们。

最消磨意志、摧毁创造力的事情，莫过于拥有梦想而不开始行动。一个目标明确、胸有成竹、充满自信的人，绝不会把自己的计划拿出来与别人反复讨论，除非他遇到了比他见识高得多、比他能力强得多的人。一个有主见的人，因为迫切需要行动，就不会在徘徊观望中浪费时间，也不会在挫折面前气馁。只要做出了行动的决定，就勇往直前。

某印刷公司推行扩大销售计划，每六个月雇佣一名推销员，有一年，该公司雇佣了一个不成熟而且缺乏信心的年轻推销员，这位推销员在经过前两个阶段的学习后，对自己能否胜任工作一点儿也没有把握，他也很担心经理不发给他“毕业证书”。

可是，那位经理在对他讲了“你能干好的”之类的鼓励性话语后，又说道：“我打算让你到街对面的‘绝对可靠的预计客户’的住处去推销，理由很简单，因为那个老头是个买主，但是，我要预先警告你的是，他是一个厚脸皮、令人讨厌、爱吵嘴而且满口粗话的人。你如果去见他，他只是叫嚷一阵而已，所以，无论他说什么，你都不要介意。然后说‘是的，先生，我明白了。我带来了本市最好的印刷业务的商谈说明，我想这个说明对您来说，也一定是您想要得到的东西。’总而言之，他说什么都没关系，你只要坚持你的立场，然后反过来讲你要说的话。”

这位被打足了气的年轻推销员随即来到老人的住处，在前五分钟里，那老头不停地给他讲一些无关紧要的事情，一会儿教他某种菜的吃法，一会儿又教他一些莫名其妙的英语词汇。

好在这位推销员事先得到过警告，因此他耐心地等待着。最后他说：“是的，先生，我明白了。您看，这是本市最好的印刷业务的商谈说明，这样的商谈说明，当然是您想要得到的东西。”这样一进一退的进攻和防御大约持续了半个小时。半小时后，那个年轻的推销员终于得到了该印刷公司从未有过的最多的订单。

当他喜滋滋地把订单交给经理时，经理满脸惊讶地说：“喂，你搞错人了吧？那个老头，在我们遇到的对手中，是最吝啬、最爱说粗话的！我们这15年来总想让他买点儿什么东西，可是那个老头连一元钱的东西也没有买。总之，他从来没从我们这儿买过任何一件东西。”

年轻人最容易染上的可怕习惯，就是遇事时，明明已经计划好、考虑过、甚至已经做出决定了，却仍然畏首畏尾、瞻前顾后、不敢采取行动。对自己越来越没有信心，不敢决断，最终使自己陷入失败的境地。

很多人喜欢制订计划，在周密、工整的计划中获得部分满足。但是，如果不能将计划变为行动，那么在若干年后看到这纸计划时只会感到深深的失落，尤其是当同时起步的朋友已经实现了梦想的时候。

付诸行动才能成功

行动是成功的开始，等待是失败的源头。纵使有再伟大的理想，也需要从迈步开始。如果已经有了自己的目标和梦想，那么就从现在开始行动，从今天开始，一步一步地走向成功吧。

要取得成功，不是靠天分，更不是靠等待，而是靠自己的实际行动。无论有怎样美好的想法，都要付诸行动。只有勇于开始，才能找到成功的路。

茱莉亚是美国一家制衣公司的员工，她所在的公司一直生产的是一种样式很普通的罩袍。这些罩袍只有一种尺码，颜色也比较单调，而且，由于是成批生产，制作得极为粗糙，看上去千篇一律，并不适合人们在各种场合穿着。

于是，茱莉亚决定对罩袍进行改进，并且立即把这个想法付诸了行动。她买来了能体现个性色彩的布料，先给自己设计了一套。她不仅让罩袍保持了原来舒适的特点，而且还很好地适合了自己的身材尺寸。此外，她还为罩袍设计了别致的花边。这种特殊的设计，引起了房东太太的兴趣，她要求茱莉亚为自己也做一件。

当穿上茱莉亚为她量身定做的传统罩袍时，房东太太惊喜异常，她怎么也没想到，这种极为普通的传统服装，居然也可以做得如此适合自己的身材。

当茱莉亚把她想改进公司生产的传统罩袍的想法告诉同事们时，几乎人人都惊讶地连连摇头，他们觉得所有的店面陈列的罩袍都是传统的样式，没有人想到要去改进它。

然而，茱莉亚还是要试一试自己的想法。因为她相信，如果不去实践，就永远也不知道自己的想法是否可行。幸运的是，公司的老板很欣赏她的这种做法，支持她对传统罩袍进行改进。

就这样，在这家生产传统罩袍的公司里，开始生产出了一件件漂亮又适合人们身材的新式罩袍，公司的生意也随之红火起来。在茱莉亚的努力下，公司还把这种独特的服装推销到很多城市，同样引起了人们的广泛关注。

茱莉亚成功了，因为她不但有了想法，更主要的是她积极地去做了。她没有让自己的想法存在脑子里，而是开始了行动，这种行动要比任何一个精妙的想法都要好上百倍。茱莉亚的经历告诉我们，只要开始去做，就有成功的可能。不去做，永远看不到成功的希望。

拿破仑说过，想得好是聪明，计划得好更聪明，做得好是最聪明又最好。成功始于思考，需要明确的目标，这些都是成功不可缺少的要素，但是，这只相当于给车加满了油，弄清了前进的方向和路线。要抵达目的地，还需要把车开动起来，并保持足够的动力。

在成功者看来，成功并不需要你知道多少，而是看你有没有开始做，做了多少，要把所有的计划和想法付诸行动，否则，永远也体会不到什么是成功。

用心去做每一件事

很多人觉得成功很神秘，其实，从平凡到优秀只有一个秘诀，那就是在工作上要用心一点儿，再用心一点儿。只要用心去做，每个人都能成为受成功青睐的人。

用心做好一件事，坦然地面对生活，这是一件很简单和很容易做到的事，但不可否认，生活中能做到的人却是少之又少。我们常常发现，一起到一个公司工作的人，起点相同，然而，一段时间后他们之间却产生了巨大的差距，有的人成为公司里的核心员工，受到老板的赏识，而有的人却总是碌碌无为，工作一直不见起色。

众所周知，除了少数天才之外，大多数人的禀赋都相差无几。那么，是什么造成了如此巨大的差距呢？答案很简单，就是用心，它可以让一个毫无背景、普普通通的人脱颖而出，创造出非凡的业绩，也可以让一个能力过人、才华横溢的人碌碌无为，成为一个被社会淘汰的对象。

丹佛机械制造公司的大卫和麦克是大学同学，10年前他们大学毕业并一起来到丹佛机械制造公司的技术部工作。如今，大卫已经成了总公司的副总裁，而麦克还在技术部做一名普通的员工。

熟悉他们的人都知道，大卫是一个富有激情的人，他对待技术部的工作非常用心，能够认真去思考每一个技术难题，而且敢于创新。对其他部门的工作，只要自己能帮得上忙，他都会全力以赴。而麦克却只是忙着应付领导交代的事，从不考虑怎样才能把工作做得更好以及如何去改进工作。

这就是用不用心工作的差距。那么，我们能像大卫一样成功吗？当然能，只要你用心去做。

美国前国务卿鲍威尔并非出身名门望族，这位黑人显贵原本家道寒微。鲍威尔年轻时胸怀大志，为贴补家计，他凭借自己强壮的身体，从事各种繁重的工作。

有一年夏天，鲍威尔在一家汽水厂当杂工，除了洗瓶子外，老板还要他抹地板、搞清洁等，他毫无怨言地认真去干。一次，有人在搬运产品的时候打碎了50瓶汽水，弄得车间一地的玻璃碎片和团团泡沫。按常规，这是要弄翻产品的工人清理打扫的。但老板为了节省人力，要干活麻利爽快的鲍威尔去打扫。当时他有点儿气恼，想要发脾气不干，但一想，自己是厂里的清洁杂工，这也是分内的活儿。于是，鲍威尔尽力地把满地狼藉打扫得干干净净。

过了两天，厂负责人通知他：他晋升为装瓶部主管。自此，他记住了一条真理：凡事全力以赴，总会有人注意到自己的。

鲍威尔一直全力以赴地工作。在五角大楼上班时，这位四星上将往往是最早到办公室又是最迟下班的。同僚们曾赞赏说："我们的黑将军，无处不身先士卒啊。"

成功者和失败者的区别就在于：成功者无论做什么工作，都会积极主动、用心去做，并力求达到最佳的效果，不会有丝毫的放松。而失败者在做工作时，却常常轻率敷衍、得过且过。不同的态度会导致不同的结果，只要肯全力做事，尽自己的努力去完成应做的事，成功也就没有那么难了。

给成功设定一个期限

有人说，判断一个人是否会成功，可以看看他走路的速度和力度。速度快、力度强的人是沉稳而又干练的人，这种人成功的可能性比较大，而拖延者的脚步始终是“慢三拍”。对于成功者而言，他们需要的是“快三拍”。

有了成功的想法就要立即行动，如果你不付诸实践，哪怕你有再好的天赋和再好的想法也无济于事。在成功的道路上，人们都在你追我赶。要是你不及时为自己的成功定个期限，那你就很可能被落在后面。有的时候，就在看似不起眼的时间里，如果你疏忽了，就会遗憾终生。

兰帕德这一辈子最大的愿望就是当一名作家，因为他有着不错的写作天赋。兰帕德相信，只要他肯努力，30岁之前他就可以成为一个全国知名的作家。

遗憾的是，兰帕德后来迷上了买彩票，一天到晚对着一大堆数字研究来研究去，最终把写作给耽误了。

庸庸碌碌地过完了几十年后，在兰帕德52岁的时候，有一天，他的一个中学同学来看望他，并把自己写的第13本书送给了他。在接过书的那一刻。兰帕德懊悔极了，他痛恨自己没有去写作。一时间，他决心重新提起笔，去实现自己昔日的梦想。可是转念一想，自己的年龄大了，身体又不好，还能写出什么来呢？于是，他又一次放弃了自己的作家梦。

65岁那年，兰帕德得了重病，生命垂危。他再一次想起了自己的作家梦，不禁深深后悔在52岁那年没有开始写作，否则，13年下来，他一定可以写出许多作品。眼看着到了65岁，生命留给他的时间还能有多少呢？在叹息中，他又一次藏起了自己的梦想。

84岁那年，兰帕德再次病重，他为自己不曾写下任何作品而深感痛苦。在接下来的3个月里，他不停地写啊写，直到去世。去世时，他的第一本书，刚完成了一半。

兰帕德的一生可以说是遗憾的一生，有很好的天赋却没有好好利用，如果他能早些给自己的人生做个规划，为自己的成功定个期限，那也不会到年老之时再去后悔。

成功者必是立即行动者。对于他们来讲，时间就是生命，时间就是效率，时间就是金钱，拖延一分钟，就浪费一分钟。只有立即行动才能挤出比别人更多的时间，比别人提前抓住机遇。

成功者提醒我们说，在行动之前要给行动留下一个合理的期限，没有期限的行动常常是无效的或是效率低下的。有一个时间约束，就能让你提醒自己：必须马上行动，否则在约定的期限内完不成行动计划。

在这里，我们要说，如果你还走在人生的十字路口，那么不妨给自己的成功定一个期限。给自己不断攀登的压力和勇气，相信自己并踏实去做，就一定会成功的。

成功最忌优柔寡断

成功的一大要诀是，即便你的决策有一千次的错误，也不要养成优柔寡断的习惯。当机立断的人，遇到事情就会迅速做出决策。而优柔寡断的人在进行决策时，总是逢人就要商量，即便考虑再三也难以决断，这样终至一无所成。

拿破仑·希尔认为，天下最悲哀的一句话就是，我当时真应该那么做却没有那么做。

我们经常听到有人说："如果我早几年就开始那笔生意，早就发财了"或"我早就料到了，我好后悔当时没有做"。一个好创意如果胎死腹中，真的会叫人叹息不已，永远不能忘怀，而如果立即施行，当然也会带来无限的满足。

在美国，有一位业务员前去拜访西部一个小镇上的一位房地产经纪人，想把一个"销售及商业管理"的课程介绍给这位房地产商人。这位业务员到达房地产经纪人的办公室时，发现他正在一架古老的打字机上打着一封信。这位业务员自我介绍了一番，然后介绍他所推销的这个课程。

那位房地产商人显然听得津津有味。然而，听完之后却迟迟不发表意见。这位业务员只好单刀直入了："您想参加这个课程，是吗？"

这位房地产商人以一种无精打采的声音回答说："呀，我自己也不知道是不是想参加。”

他说的倒是实话，因为像他这样犹豫不决难以迅速做出决定的人有数百万之多。这位对人性有着透彻认识的业务员于是站起来，准备离开，但接着他采用了一种多少有点儿刺激的战术，说了下面这样一段话，使房地产商人大吃一惊。

“我决定向你说一些你不喜欢听的话，但这些话可能对你很有帮助。先看看你工作的办公室，地板脏得可怕，墙壁上全是灰尘。你现在所使用的打字机看起来好像是大洪水时代挪亚先生在方舟上所用过的。你的衣服又脏又破，你脸上的胡子也没刮干净，你的眼睛告诉我你已经被打败了。你的一生中，你一直养成这样一种习惯：逃避责任，无法做出决定。这位房地产商人呆坐在椅子上，下巴往后缩，他的眼睛因为惊讶而睁大，但他并不想对这些尖刻的指控进行反驳。这时，这位业务员带着微笑说：“我的批评也许伤害了你，但我倒是希望能够触怒你。我将介绍一个房地产商人和你认识，他可以给你一些赚大钱的机会，同时还可以教你有关这一行业的注意事项，你在以后投资时可以用到。你愿意跟我来吗？”

听了业务员的话，那位房地产商人签字报名参加了“推销与商业管理”课程，并且交了头一期的学费。三年以后，这位房地产商人开了一家拥有60名业务员的大公司，成为圣路易市著名的房地产商人之一，他还指导其他业务员的工作。每一位准备到他公司上班的业务员，在被正式聘用之前，都要被叫到他的私人办公室去，他把自己的转变过程告诉这些新人以鼓励他们踏实工作。

成功者一般都认为，如果你养成了做决策后坚决执行、不再更改的习惯，那么在做决策时，就会运用你自己最佳的判断力。但如果你的决策不过是个实验，你还不认为它就是最后的决断，这样就容易使你自己有重复考虑的余地，就不会产生一个成功的决策。

如果决策后绝不更改，你就会深刻地认识到，未经深思熟虑的决策，必定不会成功，执行了这样的决策也只是徒受损失。这位房地产商人的经历无疑告诉我们：一定要让优柔寡断、犹豫不决从自己的生活中走开，从现在就开始做起吧。

成功只给有准备的人

鲁班在砍伐树木时，不小心被一种茅草割破了手指，从而得出启示，最后发明了锯子；牛顿被苹果砸头，经过一番思索，发现了万有引力定律；伦琴在实验里，从手骨图像中发现了X射线……这些人毫无疑问都属于成功人士。

对于这些成功者，有人嫉妒，说他们不过是因为运气好才取得这些成绩的。可是，当苹果砸到你的头上时，你是把它作为一个机遇呢？还是觉得自己是个倒霉蛋？这两种不同的感受就是伟人与凡人的区别，机会只偏爱那些有准备有头脑的人，下面这个故事就是最好的证明。

1984年，邹荣祥在海拔4500米以上地区搭建电台并成功实施呼叫，这在世界上是首次。有人让他谈谈自己的成绩，他只说了一句话：机会偏爱有准备的人。

邹荣祥10岁就迷上了无线电。1957年，他考入了贵州国防体协无线电运动队，成为一名专业人士。1979年，他和几个朋友在一起讨论人生，讨论事业。人们都意识到，要与世界先进科技水平齐平，必须先向人家学习。但是不懂外语，如何学习呢？于是36岁的邹荣祥下定决心，一定要掌握一门外语。因为当时日本的电子科技最发达，所以邹荣祥决定学日语。有了目标，他马上就去报班学习了。六年内，不管刮风下雨，邹荣祥都去上课。

邹荣祥不仅努力学习语言和理论知识，而且还坚持锻炼身体。每天早上，他都从家中跑到东山，一年四季，风雨无阻。

1984年10月，邹荣祥41岁。一天，他突然接到北京国家无线电运动协会要对他进行考察的通知。如果考察合格，就让他参加中日联合攀登纳木那尼峰登山队，在队中主管无线电台搭建和通联工作。经过考察，邹荣祥各种条件都符合，终于加入到团队中。时任国家无线电运动协会秘书长的汪勋回忆道："这项任务具有重大历史意义，参加者必须具备四个条件：有高超的无线电技术，有日语的口语和翻译能力，体能条件优良，政治素质过硬。经过一番考察，只有邹荣祥具备所有的条件，自然就选择了他。"

想一想，如果邹荣祥不学日语，不钻研技术，不锻炼体能，他能参与这一历史壮举吗？答案肯定是否定的。正因为邹荣祥有了准备，机会才最终选择了他。

机会的出现是毫无规律的，它是随时随地，在任何可能或不可能的地方出现，有时甚至你毫无觉察，只有在回首往事时，才意识到过去的那件事是个成功的机会，只是后悔当初没有抓住它。所以说，要想抓住机会，就要随时随地做好准备，也就是说平日要多锤炼自己，完善自己。只有这样，当机会出现时，你才能将其抓住，走向成功。

自发地完成任务

每个人都希望能独立地处理自己的事务，不希望别人指指点点，也不希望被别人牵着鼻子走。但谁都知道，要想达到这一点是很困难的。但是在一本名为《把信送给加西亚》的书中，却有一段文字启发我们，这个希望也是可以实现的：

在美西战争爆发之即，美国总统需要立刻与古巴的起义军将领加西亚取得联系。当时，加西亚出没在古巴的大山里，没有人知道他的准确位置。可是，美国总统必须与他取得联系，迫在眉睫。有人告诉总统：“如果说有人能找到加西亚，那么这个人肯定是罗文。”于是总统派人把罗文找来，交给他一封写给加西亚的信。至于罗文中尉如何接了信，如何用油纸袋包装放在胸口藏好，如何坐船到达古巴，最后终于把那封信送到了加西亚的手上——这些细节都不是我想说的。

我想说的是，美国总统把信交给罗文后，罗文接过信，并没有问：“加西亚在什么地方？我如何找到他？”

其实，年轻人应该铸就这样一种精神：自动自发，迅速地行动起来，全力以赴地完成任务——这就是把信送给加西亚的精神。”

从中我们看到，罗文那种自动自发、不找任何借口的行动精神就是一种不受制于人的资本。因此，我们可以说，要想独立地处理自己的事务而不受制于人，我们唯一能办到而且最有把握的方法就是：自动自发，主动做事。

任小萍曾任中国外交学院副院长。她在每一个岗位上，都是自动自发、不找任何借口努力工作的。

大学刚毕业，她来到英国大使馆做接线员。很多人都认为接线员是一个没有前途的工作。可是，任小萍来到工作岗位上后，默默努力地工作着。她记下了使馆中所有人的名字、电话、工作职责。此外，她对他们家属的名字也都如数家珍。时间一长，使馆人员有事出去时，并不把行程告诉自己的翻译，而是告诉任小萍，因为有人来找自己时，小萍记得最清楚。不久，使馆人员把私事也委托给她，她俨然成为了使馆里全面负责的总秘书。

因为工作出色，大使竟然亲自来到电话间，大肆表扬她。没多久，她就因工作出色而被破格提拔，去给英国某大报的首席记者做翻译。首席记者是个老太太，很有名气，脾气也大，甚至赶走了前任翻译。任小萍上任时，并没有得到她的认可。可是，小萍不理会这些，她只是自动自发地工作，不管多难的工作都不找理由推脱。一年之后，老太太遇见人就说：“我的翻译比你的好上10倍。”

其实，没有人在行动中不会遇到问题。当遇到问题后，你是抱怨、是逃避问题，还是用实际行动，自动自发地解决问题、战胜困难呢？想必罗文及任小萍的事例已经给我们给出了最好的答案。

不逃避自己的责任

在日常工作中，几乎所有人都经历过这样的事情：当被问到为什么没有完成工作时，我们的第一反应是这个工作由于诸多的困难难以解决，因此无法完成。于是“问题”成为大多数人逃避责任、回避责任的第一借口。而成功的人士却从不为自己找借口，他们坚持“世上没有解决不了的问题，只有不会解决问题的人”的人生信条。

冈索勒斯是美国著名的哲学家、教育家。在他还是个大学生时，他决定自己创办一所大学，亲自当校长，但在当时的情况下，创办一所学校至少需要100万美元。冈索勒斯根本无法弄到这么多钱，但他始终相信自己能筹到这笔钱。最后，他想到了一个办法，他给报社打电话说自己想举行一个专题演讲会，名字叫做《假如我有100万美元》，希望能得到报社的支持和帮助。在报社的宣传下，这场校园演讲吸引了很多社会名流。面对这些精英和成功人士，冈索勒斯诚心诚意地把自己创办一所大学的构想和具体的实施方案告诉了大家，台下的很多人受到了感动。

演讲结束后，一个商人站了起来，他对冈索勒斯说：“小伙子，你讲得非常棒，我愿意赞助100万美元，帮助你去实现你的理想。”这个商人名叫菲利普·亚默。冈索勒斯用这笔钱开办了以这位慷慨的商人名字命名的亚默理工学院。

在生活中，问题和办法总是一对孪生兄弟，有问题，才会激发我们去寻找解决问题的办法。可以说问题是我们学习、实践、进步的动力。然而当面对一些复杂的问题时，很多人会手足无措，不知如何是好。这个时候一定要冷静下来，仔细分析、研究，坚信问题总是有办法可以解决的。

曾经有人做过一个调查，世界500强企业名录中，每过10年，就会有1／3以上的企业从这个名录中消失，或低迷，或破产。总结这些企业衰落的原因，人们发现，春风得意之时也正是这些企业衰落的开始，因为正是在这个时候，企业一片生机，发现的问题最少。没有问题是一种可怕的现象，它容易使经营者看不到危机，对前景盲目乐观，最终失败在安逸的温柔之梦里。

一个会解决问题的人，可以在纷繁复杂的环境中轻松自如地驾驭人生，凡事逢凶化吉，把不可能的事变为可能，最后达到自己的目的。

事实上，即使身陷问题深渊，只要你改变自己的思考方式，利用逆向思维，你就会发现：将自己逼入绝境的困难和挫折，正是开掘无限潜能的绝佳机会。从问题中发现并把握住机遇，就能变不利局面为有利局面。在智慧和信心的较量中，问题总会甘拜下风。

拖延的习惯会阻碍成功

我相信大多数人都曾不止一次地告诉自己：还来得及，我明天再做它，我还有很多时间，实在不行，还有后天。然而往往问题就发生在这里，后来来了突如其来的事情，再没有时间做昨天安排的工作了，这样，很多事情都不能按时完成。有句谚语说：为什么是明天，今天不行吗？

拖延是成功的死敌，拖延是一个人走向成功的障碍之一。拖延使我们的许多美好的理想变成了幻想，拖延还会使我们丢失今天，而永远生活在“明天”的等待之中，也会使我们养成懒惰的恶习，成为一个永远只知抱怨而没有进取机会的落伍者和失败者。

对于任何一个优秀的员工来说，“立即执行，绝不拖延”就是他们的工作准则。只有那些拖延者，才会为自己的工作没有按时完成而编造各种各样的理由，欺骗管理者，以期达到蒙混过关的目的。其实，他们的这种行为，都是在自己欺骗自己，最后把自己弄得进退两难，疲惫不堪。

“想做的事情，马上动手，不要拖延！”这是许多成功人士总结出来的“黄金经验”。成功者从不拖延，而且他们中的大多数人只是发挥了本身潜能的极少部分。因为他们对工作的态度是立即执行，所以把握住了成功。凡是留待明天处理的态度就是拖延和犹豫，这不但阻碍事业上的进步，也会加重生活的压力。

乔伊斯是某著名公司的部门主管，他曾经因为自己的工作而烦恼不已。原来，他每天的办公桌上都堆得满满的，处理不完的文件和一个接着一个的事情，忙得他焦头烂额，精神接近崩溃。为了改变这种局面，他决定去请教一位成功的公司经理。

当乔伊斯来到那位经理的办公室时，经理正在打电话。乔伊斯的眼光不自觉地落到了经理的办公桌上，令他奇怪的是，经理的办公桌上干净整洁，只有几页纸在上面，根本就没有堆积如山的文件。听着经理有条不紊地给下属布置工作，不断地回答、解决下属提出的疑问，乔伊斯若有所思。

经理处理完手头上的事情，才把目光转向乔伊斯，经理问乔伊斯有什么事，乔伊斯站起来说："本来我是想来您这里取经的，但你刚才处理问题的一幕已给了我明确的答案：遇到经手的问题立即解决掉，不要拖延。否则，事情就会越积越多，而越来越多的文件就会让自己找不出头绪，办事效率降低，更容易使自己疲惫。我在这之前，总是先把事情接下来，等会儿再说。这样就造成了问题的大量积压，最后使自己不堪重负。"

从此，乔伊斯对于遇到的工作和问题从不拖延，立即解决掉，最后终于成为这家知名公司的经理人。

一个人要想在自己的事业生涯中取得成功，克服拖拉的习惯至关重要。不要把事务拖延到一起去集中处理，而是要立即行动起来，立刻去做手中的每一件事。不管做什么事都要集中全部精力去完成，全力以赴地去做。这样才会提高工作效率，出色地完成任务。

坚持走下去就会成功

成功需要付出百倍的努力，但很多人往往只做到了99倍的付出便放弃了。没有坚持到底而让成功擦肩而过，这不能不说是一种遗憾，其实，只要再坚持一点点，成功便会到来。

也许，我们的人生旅途上沼泽遍布，荆棘丛生；也许我们追求的风景总是山重水复，不见柳暗花明；也许，我们的成功之路总是那么坎坷，这时，我们要以勇敢者的气魄，坚定而自信地对自己说一声："再试一次。"

坚持是一种习惯，也是一种美德，更是通往成功的必经之路。很多时候，往往不是成功嫌弃我们，而是我们自己远离了成功。无数事实表明，只要你一直坚持到底，你就会获得最后的成功。

1943年，美国的《黑人文摘》刚开始创刊时，前景并不被看好。它的创办人约翰森为了扩大该杂志的发行量，积极地准备做一些宣传。

他决定组织撰写一系列"假如我是黑人"的文章，请白人把自己放在黑人的位置上，严肃地看待这个问题。他想，如果能请罗斯福总统的夫人埃莉诺来写这样一篇文章就最好不过了。于是，约翰森便给她寄去了一封非常诚恳的信。

罗斯福夫人回信说，她太忙，没时间写。但是约翰森并没有因此而气馁，他又给她寄去了一封信，但她回信还是说太忙。以后，每隔半个月，约翰森就会准时给罗斯福夫人寄去一封信，言辞也愈加恳切。

不久，罗斯福夫人因公事来到约翰森所在的芝加哥市，并准备在该市逗留两日。约翰森得此消息，喜出望外，立即给总统夫人发了一份电报，恳请她在芝加哥逗留的时间里，给《黑人文摘》写一篇文章。

罗斯福夫人收到电报后，没有再拒绝。她觉得，无论多忙，她再也不能说“不”了。

这个消息一传出去，全国都知道了。直接的结果是，《黑人文摘》杂志在一个月内，销量由2万份增加到了15万份。后来，他又出版了黑人系列杂志，并开始经营书籍出版、广播电台、女性化妆品等事业，成为一个闻名全球的富豪。

成功学家陈安之说：“你到底是想要成功，还是一定要成功？想要跟一定要有绝对的差别，世界最顶尖的成功人士，都决定一定要，而一般没有成功的人，都只是想要而已。我认为，成功有三个最重要的秘诀：第一是有强烈的欲望，第二还是要有强烈的欲望，第三还是要有强烈的欲望。”

正如陈安之所说：“不管做什么事，只要放弃了就没有成功的机会；不放弃，就会一直拥有成功的希望。如果你有99%想要成功的欲望，却有1%想要放弃的念头，这样的人是没有办法成功的。人们经常在做了90%的工作后，放弃了最后让他们成功的10%。这不但输掉了开始时的投资，更丧失了经由最后的努力而发现宝藏的喜悦。”因此说，再试一次，你就有可能到达成功的彼岸。再试一次，成功就在眼前。

善于将自己的长处充分发挥

人生成功的诀窍在于经营自己的长处，经营长处能使自己的人生增值，否则，必将使自己的人生贬值。经营长处就是做自己擅长的事，哪怕没有骄人的长处，只要有一点儿自己能做好的事，那就毫不犹豫地去做吧。

成功是多元的，并没有贵贱之分，适合自己的、自己擅长的就是最好的，也就是成功的。成功者的故事告诉我们，从失败到成功，只需要在某一点上与众不同，那就足够了。

有一个孩子，在学校时的功课差极了，大家都认为他是个白痴。伙伴们嘲笑他，说他是失败的难兄难弟。邻居们说，这个孩子将来注定一事无成。但就是这个无可救药的失败者，却相信自己拥有不平凡的绘画才能："我想我是那种天生画漫画的人，这似乎是常人无法理解的，我为自己的作品深感自豪。"因此，他决心成为一名职业漫画家。

然而，现实与梦想之间的距离总是很遥远。除了他本人之外，他的那些涂鸦之作从来没有人看得上眼。上中学时，他向毕业年刊的编辑提交了几幅漫画，结果一幅也没被采用。中学毕业后，他曾经拿着漫画，在两个星期内跑了30多家公司，一次次面对别人的白眼和拒绝。在走投无路之际，他总是告诫自己："要记得你心里的梦想。"

在以后的日子里，他尝试着用画笔来描绘自己的人生经历。连他自己都没有想到，他以睿智、诚实和极具表现力的作品，营造了一个充满幽默、幻想、温暖和忧伤的漫画世界，开创了漫画的新天地。他创作的连环漫画《花生》，很快就风靡全世界。

1990年，查尔斯·舒尔茨得到法国文艺勋章，并多次登上《福布斯》杂志年收入最高艺人排行榜，成为历史上最富有的漫画家。

查尔斯·舒尔茨的经典名言是："我一直就相信，人只要有一项长处就足够了，我的长处就是画漫画。在许多方面我一败涂地，只在画画这一点上稳住了自己。而所谓的成功，也只是需要你在某一点上自命不凡，自始至终。"

成功学专家罗宾曾经在《唤醒心中的巨人》中这样说过："每个人的身上都蕴藏着一份特殊的才能。那份才能犹如一位熟睡的巨人，等待着我们去唤醒他……上天不会亏待任何一个人，他给我们每个人以无穷的机会去充分发挥所长……我们每个人的身上都藏着可以立即支取的能力，凭借这种能力，我们完全可以改变自己的人生，只要下决心改变，那么，长久以来的美梦便可以实现。"

事实也就是这样，只要我们找到最适合自己做的事并全力以赴地付出，成功也就指日可待。与其羡慕他人的成绩，不如做自己最擅长的事，这样才有可能早日赢得成功。

PART 5 第五章

成功是要一点点积累的

CHENG GONG SHI YAO YI DIAN DIAN JI LEI DE

现在竞争如此激烈的社会中，专注就好比“文章本天成，妙手偶得之”，可遇而不可求。面对各种各样的诱惑，很多人往往不能踏实下来专注工作。他们有太多的爱好，太多的欲望，太多的想法，他们唯一缺的就是专注的精神。因为缺少专注的精神，他们必定不能全身心地投入工作，也就不能积累到成功的资本，很多人却偏偏喜欢东学一点儿，西学一下，尽管忙碌了一生却往往没有什么专长，结果，到头来什么事也没做成。

成长比薪水更珍贵

当今社会是一个务实的社会，从某种程度上说，薪水的高低可以体现出一个人是否成功。因此，很多人在求职的过程中，最关注的通常是自己的薪水。他们总是问得很直接，“月薪是多少”“加班费怎么算”“工作多久会加薪”……这样的人往往忽略了一个最重要的问题：“我选择的这个工作，是否对我的成长有利，能不能令我升值？”而这，才是工作的真正意义，也是比薪水更加宝贵的东西。

美国著名出版家和作家、畅销书《致加西亚的信》的作者阿尔伯特·哈伯德曾说过：“工作的质量决定生活的质量。无论薪水高低，工作中尽心尽力、积极进取，能使自己得到内心的平安，这往往是事业成功者与失败者之间的不同之处。工作过分轻松随意的人，无论从事什么领域的工作都不可能获得真正的成功。将工作当做赚钱谋生的工具，这种想法本身就会让人蔑视”。

张玲是北方一所名校的高才生，毕业后在一家大公司的财务部任职。报到那天，人事经理告诉她，试用期是半年，薪水不高，通过试用期的话就能加薪，如果表现突出还可以提前转正。起初，张玲工作很认真，干劲也足。如果当天的工作完不成就加班加点，提前完成工作任务的话还会帮帮其他同事，因此大家都很喜欢这个小姑娘。

三四个月以后，张玲对部门的工作已经相当熟悉了，做起事来很老到，根本不像一个刚毕业的大学生，她也渐渐不再满足于目前的待遇。一个周末，她参加了大学同学组织的聚会。回来之后，心里更不是滋味，因为同学们薪水都比自己高。有了这样的想法，张玲工作起来就没了以前的热情。月末的时候，财务部赶制财务报表，上司要求每个人加班，张玲却以自己还未转正为借口拒绝了。她还总是以抱怨的语气对老员工说："不知道我什么时候能跟你们一样。"

到了第五个月月初，张玲看公司还没有给自己加薪的迹象，一气之下干脆辞职了。不久，她偶遇以前公司的同事，那个同事遗憾地说："本来你工作认真，能力又强，第四个月的时候就可以转正了，但是你太没耐心了，突然懈怠了下来，又不愿意加班，你们主管看你这种表现，只好推一推转正的时间。"张玲听了这番话，懊恼之余，似乎也有所顿悟。

现代职场中，有太多的人为了薪水斤斤计较，张玲的经历绝不是特例。工作固然是为了生计，但如何在工作中充分发掘自己的潜能，发挥自己的才干，培养独当一面的能力，这些才是最值得你用心的，也是比薪水更值得关注的东西。假如工作仅仅是为了面包，那么生命也未免太廉价了。更何况，心里只想着面包，最后可能连面包屑也得不到了。

因此，你要坚定这样一种信念：你是在为自己工作，而不是为了薪水。如果能够兢兢业业、严于律己，身处何种职位都保持一种严谨而负责的工作态度，那么在为公司创造价值的同时，你也一定能够实现自己的人生价值。

诚信是成功的根本保证

古人云："一诺千金。"重视信用、严守承诺是中华民族的传统美德，在当今的商业社会同样是每一个人的立身之本、成功之基。

在职场上，评价一个人的道德水准，最重要的就是看这个人是否守信。对上司、同事、顾客信守承诺，是一个人能否在职场上取得有利地位的关键。诚信是立业之本，是做人的准则，也是企业和人的第二张身份证。一个企业、一个部门，甚至于一个人，如果谎话连篇，说话不算数，不守信义，他骗得了一次，还骗得了第二次？骗得了一个人，难道还能骗得了许多人？我们都听过《狼来了》的故事，从某种意义上来讲，吃他的并非是狼，而是他那不诚信的品质。

清朝末期，晋商地位很高，他们经营盐业、票号等，尤以票号最为出名。当时，山西平遥的日升昌票号以"汇通天下"著称于世。日升昌在全国很多地方都有分号，业务远至欧美、东南亚等国，生意越做越大，信誉也非常好。票号承诺：持有日升昌的银票，无论何时，在全国哪一个分号都可以兑现。

1900年，八国联军侵华，攻进了北京城，慈禧太后带着光绪皇帝逃到了西安。连皇帝都逃了，京城的名门大户更加骚动不安，他们携带着日升昌票号的银票逃往各地，纷纷在当地的分号要求兑取白银。当时，日升昌在北京的分号早已被洗劫一空，账簿根本不知去向，谁也没有办法逐一核实那些人有没有在票号存过银子、存了多少。因此，日升昌完全可以以战争为理由，向储户说明原因，等战乱结束，仔细核查后再行兑换。但是，日升昌宣布了一个惊人的决定："只要储户持有银票，不论在哪家分号，均可以兑换白银。"这样做可以说是冒了巨大的风险，可是日升昌因为有言在先，不能不遵守承诺。同时日升昌也明白，风险与机遇同在，眼下虽然承担了一定的风险，但战乱一旦结束，那些储户势必会成为日升昌最忠实的客户，为了票号未来的发展，这个险值得冒。果然，战争结束后，上至富商贵族，下至普通百姓，在储蓄时都纷纷选择了日升昌，就连朝廷也放心地把大笔官银交给日升昌收存。

日升昌是中国的第一家票号，开中国民族银行业之先河，曾经"执中国金融之牛耳"，在金融界活跃了近百年，一度操纵19世纪整个清王朝的经济命脉。它能取得这样的成就，绝非偶然和侥幸，这一点，从上面的事例就可以看出来。

孔子说："人而无信，不知其可也。"诚信对于任何一个人来说都是不可或缺的品质。一个人想在社会上立足，首先要做到的一点就是取信于人。与不守信用的人打交道，就如同把自己放在了火山口，实在没有安全感，没有人会愿意这样做。所以，要想成功，请一定坚持实践自己的诺言。当然，履行承诺并不像许下承诺那样轻松，很多时候要冒着巨大的风险。可是如果你有长远的眼光，哪怕遭受再大的风险也不让自己的诺言成为空头支票，那么你就一定会得到丰厚的回报。

挫折是成功的跳板

每个人的人生道路都不可能一帆风顺，总会遇到或大或小的挫折。卡耐基说："挫折是大自然的计划，它用挫折来考验人类，使他们能够获得充分的准备，以便进行他们的工作。挫折也是大自然对人类的严格锻造，它借此烧掉了人们心中的残渣，使人类这块'金属'因此而变得纯净，并可以经得起严格使用。"是的，对于弱者来说，挫折是绊脚石，对于强者来说，它却是垫脚石。如果人人都能够把挫折当成垫脚石，那他就一定会通过大自然的考验，经过严格的"锻造"后，成为闪闪发光的宝石。

在美国，李·艾柯卡这个名字几乎家喻户晓，他曾是美国福特汽车公司和克莱斯勒汽车公司的总经理。这个耀眼的企业明星无论在哪里出现，马上就会被人群包围。然而，人们只看到他现在的风光，有谁知道，他的一生历尽坎坷，经历过无数挫折呢？

艾柯卡毕业于美国利哈伊大学，拥有工程技术和商业学双学位，后来又在普林斯顿大学获硕士学位。1949年，艾柯卡当上了福特汽车公司在宾夕法尼亚州一个小地区的分店的经理。有一个月，艾柯卡的分店与该地区其他分店的销售业绩相比，成绩最差，这令一向好强的他情绪非常低落。不过，他没有沮丧太久，很快就想出了一个推销汽车的绝妙办法，广告口号是："花56元钱买五六型福特车"，也就是说，买一辆1956年型的福特汽车，可以先支付20%的货款，其余部分每月付56美元，3年付清。

这个创意获得了极大的成功，也使他的职务上升为福特总公司车辆销售部主任。可是1978年，大概是感觉自己的地位受到了威胁，福特公司的大老板亨利·福特居然毫无理由地将他辞退了。

当了8年总经理，为福特公司服务了30余年，居然落得这个下场。艾柯卡的心在滴血，但他却没有就此沉沦，不久，他接受了一个新的挑战——出任濒临破产的克莱斯勒汽车公司的总经理。当时的克莱斯勒已经毫无生气，纪律松散、管理阶层各自为政、资金周转不灵，产品销路极差。艾柯卡上任后不久就凭借自己的智慧和魄力，终于，克莱斯勒成功研发了K型车，得以起死回生。1983年，克莱斯勒还清了所有债务。次年，艾柯卡宣布克莱斯勒公司这一年盈利24亿美元——打破了公司历年纪录的总和。

“树木结疤的地方，也是树干最坚硬的地方”，这是德国的一句谚语。对人而言，也一样。试想，如果当初艾柯卡在销售业绩最低时、被亨利·福特辞退时、克莱斯勒濒临破产时，因无法面对挫折而放弃进取，那么他怎么会成就如此辉煌的人生、成为汽车业无法撼动的大树？

任何人在生活中都难免遭遇挫折，因此，如何面对挫折是每个人在人生道路上必修的一门课程。如果你能面对挫折，迎难而上，你就会更加成熟、坚强，最终看到成功的曙光。

依靠自己是成功的资本

生活中，有的人经常抱怨命运不公，总是觉得自己运气不好。这样的人，在遇到困难时也往往归咎于其他人，殊不知，上天给每个人的机会都是均等的。有的人却主动寻找机会，找到机会后把握机会，有的人则一味等待机会，有了机会也不主动上前，这就是成功者与失败者的根本区别。

求人不如求己。要想获得成功，不要把希望总是寄托在别人身上或者客观条件上，寄托在一味的等待上，你最需要的是积极进取、行动起来，遇事从自身寻找原因，做一个能够自己拯救自己的人。

第二次世界大战期间，犹太人斯坦尼斯洛和他的家人被纳粹党逮捕，送到了史上臭名昭著的奥斯维辛集中营。这里的经历是斯坦尼斯洛一生的噩梦，他开始为自己的命运担忧，然后，做了一个其他囚犯想也不敢想的“决定”——逃走。

他知道在这种情况下逃生的念头十分荒谬，但依旧不停地思索逃生之道。他想了一百种方法，也否定了自己一百次。终于，他想到了第一百零一种方法——借助腐尸的臭味。这个办法是斯坦尼斯洛排除了一切貌似可行的办法后的结果。

当时，惨绝人寰的纳粹分子每天都要杀许许多多的人，他们每隔几天处理一次尸体。那时很多尸体已经腐烂，散发出难闻的臭气。那天，纳粹党正呵斥着囚犯往车上扔死尸时，斯坦尼斯洛趁着没人注意的时候迅速脱光所有的衣服，以迅雷不及掩耳之势趴在了那堆死尸之上，装成死人，静静地等待被搬上车。

尽管周围堆满了死尸，充斥着难闻的气味，死尸的血水还流到了自己身上，斯坦尼斯洛的心却随着卡车引擎的发动而充满了希望。不久，卡车停在一个大坑前面，车厢抬起，无数死尸和一个装死的人倾泻而下。斯坦尼斯洛始终一动不动，直到暮色降临，他才悄悄地攀上坑口，一口气狂奔了70千米，最终得以活命。

他知道，在那样的情形下，没有人能帮助自己，要想活命，只有自己拯救自己。最终，他做到了，或许这正是“自助者天助之”的最佳注脚吧！

其实，“自助”应该成为我们每一个人的生活态度，一种积极乐观、百折不挠的态度，有了这样的态度，生活中的任何障碍都不能阻挡你前进的步伐。如果，你不喜欢现在的工作，那么换掉它；不喜欢目前的个性，那么改变它；不喜欢目前的体能，那么锻炼它。这些都没什么大不了，重要的是你要有这样的意识：寄希望于别人是无法改变让自己不满意的现状的，你能做的就是自己来做决定，自己来拯救自己。

勤奋是成功的保障

古人云：天道酬勤。意思是说上天偏爱那些勤奋的人，一分耕耘，一分收获，只有付出，才能得到回报。从古至今，中外名人，没有一个人不是这样认为的。

然而，真正能做到勤奋的人又有几个呢？尤其是在职场上，有些人只管上班不问贡献，工作时拈轻怕重，报酬上斤斤计较，遇到事情躲着走，少干一点是一点。这样的人或许得到了一时的安逸，但是绝无前途可言。

在日本寿险业，原一平是一个振聋发聩的名字，少年时代的原一平顽劣不堪、老师教育他的时候，甚至被他拿刀刺伤。父母对他也无可奈何，他就这样成了“闻名”乡里的小太保。23岁的时候，原一平猛然醒悟，认为自己的一生不能就这样度过。于是背井离乡，流落到东京，立志洗心革面，改变自己的人生。

他的第一份工作就是做推销员，但是还没来得及做就被骗子卷走了会费和保证金。以后的几年里，他一直在困境中挣扎。27岁那年，原一平获得了去日本著名的明治保险公司面试的机会。面试官见他相貌猥琐，心存鄙视，因此没有录用他。但是原一平不肯这样就放弃，硬是“赖”进了公司，做了一个“见习”业务员。不但没有底薪，还得同正式员工一样完成每个月的销售任务。

当时，由于没有收入，他穷得没钱坐公车、吃饱饭，只好走路上班，经常饿肚子。就是在这样的条件下，他在9个月的时间里，竟然做出了7.8万元的超额业绩，令公司上下都对他刮目相看。有了一定的成绩，但他却并没有懈怠，而是更加勤奋地工作。为了结交更多的人，原一平要求自己每个月必须拜访450个以上客户、散发1000张以上名片。

36岁时，原一平终于成为日本保险业的销售冠军，拥有了亿万家产。他69岁时，应邀做公开演讲，在被问到成功的秘诀时，一言不发，而是脱掉鞋袜，请提问的人摸他的脚底板。那人上前一摸，大惊："您脚底的茧怎么这么厚？"原一平说："这就是我成功的秘诀！"

推销的路充满了孤寂与艰辛，遭到的白眼和冷遇远远超过其他行业，原一平凭借自己的勤奋和耐心走过了这条荆棘之路。他之所以取得了如此卓越的成就，最关键的原因就在于他能够充分利用时间，加倍勤奋地工作，并且在数十年的从业生涯中，始终如一。由此可见，成功只垂青那些孜孜以求的勤勉者。

在当今竞争日益激烈的职场中，如果你始终把工作当成对自己的惩罚，每日都在抱怨、不满、拖拉和偷懒中度过，那么你不仅不能成功，甚至很可能连目前这份在你眼里埋没了你的才华，让你无法施展抱负的工作都难以保住。

请记住，你生活在机遇和挑战并存的竞争时代，要想脱颖而出、摆脱平庸，唯一的办法就是拥有积极乐观、奋发向上的心态，比别人付出更多的勤奋和努力。你要相信，勤奋是人体的电源，它能令你的生命焕发出夺目的光彩。

忠诚是难得的品德

在人类所有的美德中，忠诚无疑是其中最重要的一种。所有的宗教教义，都要求其信徒必须是忠诚的；所有的将军都要求他们的士兵必须是忠诚的；同样，所有的老板也都要求他们的员工必须是忠诚的。

曾经有一个针对世界五百强企业的问卷调查，当问到“员工最应该具备的品质”时，大多数企业老总毫不犹豫地写下了“忠诚”二字，员工的忠诚对于一个企业的重要性不言而喻。

身在职场，每个人都想得到更好的前途，所以，当面对更高的薪水诱惑时，有些人毫不犹豫地选择了跳槽，为了眼前的蝇头小利，他们付出了惨痛的代价。因此，对于任何公司来说，叛徒都将得不到重用，而被提拔重用的人，往往是那些对公司忠诚的人。

张力是一个家境贫寒、没钱上大学的人，经朋友推荐，他来到鞍山钢铁公司上班，负责干一些杂活。张力干起活来十分勤快，也十分认真。

张力工作了不到一个月，就发现一些炼铁的矿石中还残留着没有被冶炼的铁，很显然，哪里的技术出了问题，所以才导致了炼铁的矿石没有得到完全充分的冶炼。于是，张力找到了负责这项工作的领导，向他叙述了自己的疑问，没想到，这位负责人说：“技术肯定没问题，如果技术出了问题，工程师一定会告诉我的。”他有点儿灰心，开始怀疑是否自己真的不明白其中的缘由。于是，他开始查资料，希望找到证据来证明自己的疑问。功夫不负苦心人，张力终于找到了证据来证明那些矿石没有被充分冶炼。于是，张力拿着一包没有被冶炼好的矿石来到了总工程师的办公室，他说：“总工程师，您看这些矿石，我认为它们还没有冶炼好呢？您觉得呢？”

总工程师看过之后，说：“是啊，你说得对，这是哪里来的矿石啊？”

张力说：“是我们公司的。”

总工程师耐不住了，有点儿生气地说：“如果真如你所说，我一定报告总经理，严厉惩治渎职人员。”

于是，总工程师叫来了陈某一起来检查矿石，果然发现了一些冶炼不充分的矿石。仔细检查后，终于找到了原因，原来监测机器的一个零件出了问题。

事后，总工程师把这件事报告了鞍钢总经理。总经理决定破格提拔张力为人力资源部主管，并资助他学习相关知识。短短一个多月，张力从一个负责杂活的工人到人力资源部主管，不得不说，他的忠诚让领导者认为可以对他委以重任。

在这个竞争激烈的社会中，一些公司为了在竞争中获胜，不惜花费重金去挖同行的“墙脚”，甚至许诺丰厚回报来收买竞争对手的核心人员，以获得对方的公司机密。如此大的诱惑，很难不让人心动，但是，这种诱惑是陷阱，是考验。那些在诱惑面前坚守忠诚的人是令人尊敬的，在获得别人尊重的同时，也必将受到领导的重用和提拔；而那些深陷诱惑之中的人，背叛了公司，也失去了自己的尊严，一个没有尊严的人，最终只会走向失败。

专注的精神激发更大的潜力

成功是所有人都渴望的，所以成功者的秘诀总是人们喜欢谈及的话题之一。虽然每个人的看法都不尽相同，但大家一致认可的是，成功者都具有一个共同的品质——专注。

关于专注，战国时期的荀子在《劝学》中也有一段精辟的论述：“骐骥一跃，不能十步；驽马十驾，功在不舍。锲而舍之，朽木不折；锲而不舍，金石可镂。”专注就是集中精神，专注就是全力以赴，专注就是坚持不懈，专注就是不达目的誓不罢休。

与他们不同的是，成功人士大都会发现专注的重要性。爱迪生因为专注，所以才会有照亮黑暗的电灯泡；比尔·盖茨因为专注，所以才造就了微软帝国；陈景润因为专注，所以才能攀登上数学的高峰。也正是因为具有专注的精神，福特才能缔造出汽车的神话。

1863年，福特出生于美国汽车城——底特律南郊一个普通人家。与很多小孩子一样，小福特从小也喜欢摆弄各种各样的小玩意儿，他尤其喜欢拆机械。他的母亲发现儿子有特殊爱好后，就常常陪他一起拆机械玩。就这样，在母亲的支持下，福特年仅7岁时就成为小镇上知名的天才少年技师了。

福特12岁时，发生了一件对他影响深远的事情。在他母亲病逝后不久，福特坐马车第一次来到市里。一个由马拉着的发出巨大吼声的大家伙引起了他的好奇，他发现，这个家伙有四个铁制轮子，轮子上有如战车般的履带，在前轮上方有一个不断冒气的大锅，后面则拉着载有水槽和煤炭的拖车。福特被这个大家伙深深吸引，经过询问后方才知道这是蒸汽机车。福特对蒸汽机车表现出来的着迷被一个机械师看在眼里，于是，他向福特介绍起车子的性能和操纵方法，并邀请福特去他家练习驾驶蒸汽机车。在这个朋友的帮助下，福特很快学会了开蒸汽机车，而且他还暗下决心一定要造出一辆不用马拉的蒸汽机车。

福特怀着满腔的热情开始了他的求学之路。他先是在密歇根铁路车厢制造厂当见习生，然后又来到底特律造船厂工作。在这里，福特被幸运地分到了引擎车间工作，他开始狂热地爱上了这份工作。两年后，福特以熟练技师的资格来到了西屋引擎公司工作，在这里，他又学会了不少引擎的相关知识。

1896年6月，福特终于造出了第一辆不用马拉的汽车。这个汽车很快就引起了世人的关注，同时也引起了很多投资商人的关注，福特的汽车很快就大规模生产起来了。

福特的成功很大一部分得益于他专注于汽车研究这个工作。

所以，在工作的时候，一定要始终保持一颗专注的心。不仅要让专注成为自己工作的习惯，而且还要把专注工作看成是自己的使命。一个真正专注工作的人，不会被烦事所困扰，也不会被琐事所羁绊，坚信“付出就有回报”，坚信自己所从事的工作会有所成就，有这样的精神状态，那么成功就不再是梦想。

品质是立足社会的根本

在竞争激烈的现代社会中，企业越来越重视员工的品德，品德已经成为员工录用和考察的一项重要参考。

英国《泰晤士报》曾这样评价品德的力量："品德，让一个人的魄力得以展现，让一个人的道德影响得以产生。品德，是一个人征服他人的武器，是一个人崇高地位的基础。"

事实上，越来越多的企业都信奉这样一种用人理论：有德有才，破格重用；有德无才，培养使用；有才无德，限制录用；无才无德，坚决不用。

小吉是一家音像店的老板。他的小店生意十分红火，良好的信誉和品质让他结交了不少朋友，也带来了可观的经济效益。回顾音像店刚开业时，一位朋友来找小吉，介绍自己的表妹来店里打工。简单面谈一番后，小吉就同意了朋友的请求。

经过一段时间的观察，小吉发现这个女孩有很多优点。在卖东西时，她非常热情，还时不时地询问顾客喜欢听什么样的音乐、看什么样的片子，然后向小吉提一些宝贵的建议。但是，小吉还发现了她有一个自己不能容忍的缺点，有时候，顾客不小心落下东西在店里，她总是藏起来，她甚至在小吉出去的时候偷拿店里的东西。这些行为让一些顾客很是不满，都不愿意再来光顾了。为了生意，小吉顾不得朋友的面子，只得把她辞退了。

取而代之的是一个农村来的女孩，这个女孩性格内向，但是她为人厚道，做事也十分认真，从她的脸上总是可以看到阳光般的微笑。顾客对她赞不绝口，小吉对她也很满意。但是有了前车之鉴，小吉决定考察她一下。于是，小吉好几次都装作忘记锁柜台的样子，然而，只要女孩发现了，就会提醒小吉。小吉终于心里踏实了。

美国著名作家艾伯特·哈伯德曾说过："如果能捏得起来，一盎司忠诚相当于一磅智慧。"这句话的意思不言而喻，自然是说忠诚比智慧更加珍贵。对一个公司而言，能力低的员工可以培养其能力，使其逐步提高，最终完全融入公司之中。然而，如果没有忠诚，即使能力再高，本事再大，也难以对公司做出多大贡献。所以，这些人想得到老板的重用几乎是不可能的。

注重细节是成大事的关键

要想成就大事，就要重视细节。有时候人们的失败，不是因为能力不够，也不是因为时机不成熟，在一切条件都完备的情况下，导致失败的原因往往就在于一个不经意的细节。

天下难事做于易，天下大事做于细。要想成就一番事业，就要先从细处做起。在很多成功者来看，无论什么事，都是由细节构成的。在通往成功的道路上，起关键作用的也是细节。

小林从上海的一所名牌大学毕业后，顺利进入了一家香港猎头公司。外语方面的优势加上聪明伶俐的表现，使小林很快赢得了老板的赏识，她也因此获得了参与很多重要项目的机会。

一次，公司与一家跨国IT公司商谈一个项目。初步洽谈后，对方要求小林所在的公司提供一份详细的项目计划书，老板把这个任务交给了小林。因为是大客户，公司上下都十分重视，小林也不敢怠慢，花了不少工夫，一连好几天加班加点。当她把全英文的计划书交给老板时，自信自己又交了一份满意的答卷。

过了几天，小林被老板叫进了办公室。只见老板一脸阴沉，小林知道肯定是计划书出了问题。她不禁有点儿纳闷，计划书的内容自己仔仔细细检查过很多遍，应该不会有问题啊。老板打开计划书，指着目录那一页问，为什么不把索引对齐？索引的页码字体为什么有的是粗体，有的却不是？他又往后翻，指出每个页面上存在的排版上的小毛病。老板花了近半个小时给小林上了一堂如何熟练使用Word的课，最后，老板说了一句让小林印象深刻的话："越是细节之处，越能看出一个人的职业素养。客户要是看到我们在细节上都疏漏不断，还会信任公司所提供的服务吗？"

我们如果探讨成功人士的成功之道，会很容易地发现，他们之所以取得了比较大的成就，最主要的就是把注重细节贯彻始终。一个人的价值不是以数量而是以他的深度来衡量的，成功者的共同特点就是能够抓住生活中的一些细节。很多在常人看来微不足道的事情，在成功者的眼中，却埋藏着巨大的机会。而如果不注意细节，很可能会给自己带来不同程度的障碍。

很多时候，由于对细节的疏忽，就造成了很多本不该有的损失。所以说成功看似偶然，其实却孕育着必然。如果想要取得成功，就要修炼自己在细节上的工夫。只有注意了细节，才会有成功的可能。

PART 6 第六章

重视生命中的每一秒钟

ZHONG SHI SHENG MING ZHONG DE MEI YI MIAO ZHONG

时间对每个人都是公平的，能否在有限的时间里做出成就，关键就在于对时间的利用程度。有的人每天看似忙忙碌碌，结果却还是一事无成；有的人看似优哉游哉，但做事的效率和取得的成绩却是让人刮目相看，原因就在于人们对时间的把握不同。尽管每个人拥有的时间都是一样的，但如果利用得当，那就等于多给了自己很多时间，能取得不同于他人的优秀成绩。

时间是成就事业的砝码

培根说过："时间是衡量事业的标准。"我们在赞叹成功者的成就时，实际上是使用了时间这个尺度。伟人们在有限的一生中，做出了超越常人的贡献，这就是他们的伟大之处。

时间是成功者前进的阶梯。任何人要想成就一番事业，都不可能一蹴而就，都必须踩着时间的阶梯一级一级攀登。

时间是成功者胜利的筹码。在工作和生活中，利用好时间是非常重要的，如果一天的时间不好好规划一下，就会白白浪费掉，时间就会消失得无影无踪，我们也就会一无所成。

一般来说，凡是在工作中表现出色、在事业上有所成就的人，都懂得珍惜时间的道理，因为只有这样，才能在同样的时间里比别人做更多的事情，从而取得更多的成绩。

如果一个人不懂得巧妙地利用时间，在工作中漠视时间，那么，他在事业上也就不可能有什么作为，更说不上是成功了。

狄克是一家广告公司的业务员，他每天要做的工作就是拜访客户，寻找广告业务。有一天，他找到一家有合作意向的公司，并且和公司的经理约好了第二天上午九点面谈。

第二天，当狄克赶到那家公司时，比约定的时间晚了一刻钟，那位经理已经离开了。于是他开始埋怨经理不守信用，故意捉弄他。狄克给那位经理打电话询问此事，说："经理先生，我九点钟来的时候您已经走了。"经理在电话那边笑了笑，说："是吗？可我的秘书告诉我你是九点一刻才到那里的，而我们约定的时间是九点整。"

狄克有些脸红，问道："那您就不能等我15分钟吗？"

"你要知道，准时赴约是一件很重要的事情，你不能准时赴约意味着你已经放弃了与我们公司的业务。15分钟的时间我可以安排其他更重要的谈判项目，没必要和一位不守时的人进行合作。"经理严肃地说道。

人们不能掌握自己的命运，却可以规划自己的时间，管理好自己每一天的行为，而所有这一切累积在一起，就构成了一个人的命运。这样看来，每个人都是自己人生之戏的编剧、导演和主角，我们有权利把自己的人生之戏编排得波澜壮阔、华彩四溢，也有责任把自己的人生之戏导演得扣人心弦、五彩缤纷，更有义务把自己的人生之戏演绎得与人不同、超然出众。

珍惜时间就是珍惜财富，珍惜自己的事业。只有能够掌握好自己时间的人，才能掌握好自己的人生，才能获得事业上的成功。

珍惜时间成功离你不远

关于时间，有人这样形容：时间，你认为它有多宽厚，它就有多宽厚，无论你怎样糟蹋它，它都不会吭声，也不会生气。时间，你认为它有多忠诚，它就有多忠诚，它成全了你的雄心、你的壮志。

时间是无偿赠送给生命的。获得了生命也就获得了时间，而且时间并不代表生命的价值，所以世间大多数生命并不采取和时间“竞争”、“赛跑”的态度，而是根据生存的需要，有张有弛，有紧有松。

不要指望时间是公正的。时间对珍惜它的人和不珍惜它的人是不公正的，时间对自由人和犯人也无公正可言。时间的含金量，取决于生命的质量。可以说，人对时间的感觉取决于生命的长度，生命的长度是分母，时间是分子。年纪越大，时间的值越小；年纪越轻，时间的值就越大。

一位担任美国一家著名跨国企业亚洲区顾问的老人退休了，两个年轻人去拜访他。老人尽管已经年过六旬，但仍精神矍铄，思维敏捷。他广博的知识和超前的思维让年轻人自叹不如。老人还善于预测经济形势，曾经很多次把企业从可能爆发的危机中解救出来。

一个年轻人笑着对老人说：“很多人都说我的生命线很长，可以长寿，您看呢？”

老人看了一眼年轻人的手掌，反问道：“你知道构成人体组织的最小单位是什么吗？”年轻人疑惑地说：“是细胞吧？”老人说：“不对。细胞并不是最小的单位，它是可以再分的。生物学家已经发现，构成人体组织最小的单位是DNA，目前已经破解的DNA组合已达两亿，按照DNA的组合推算，人的寿命应该是1200岁。”

年轻人大吃一惊，不解地问：“如果真是那样的话，为什么现实生活中却很少有人活到100岁呢？”

“因为生命有折损，我们每一天的日常行为都是对DNA的折损。我们说话、工作、吃饭、思维，每时每刻都在消耗着身体中的DNA，这使得我们的生命达不到生命应有的长度。”

“那就是说，如果我们什么也不做，一点儿也不消耗DNA，我们就可以活到1200岁了？”

“理论上是这样的，但在现实中是无法实现的。因为我们不可能不消耗，活着就要消耗，吃饭、睡觉这些维持生命最基本的行为就是消耗。即使我们不工作，我们也不可能不消耗。”

年轻人被这番话惊呆了。原来，维持现有的生命是以牺牲未来的生命为代价的。活到100岁的人是以牺牲掉未来的1100岁的生命为代价的。这是多么昂贵的代价！

敢于追赶时间的是勤劳刻苦的人。更多的人是享用过时间，也浪费过时间，最终被时间所征服。无数优秀的生命占据了不同的时间，使时间有了价值，这就是人类的历史。

可以说，有什么样的生命，就有什么样的时间。一个人有什么样的时间观念，就会取得什么样的成就。

拖延是成功的大忌

对于大多数人来说，总喜欢把应该完成的事情往后拖，总觉得今后还有好多的时间，久而久之，就养成了拖延的习惯。也许有人觉得这没有什么，但是如果从成功学的角度来说，却是成功的大忌。

哈佛大学教授哈里克曾说：“世上有93%的人都因拖延的恶习而最终一事无成，这都是因为拖延能够杀伤人的积极性。”

我们都知道成功人士的优秀品质有很多，而做事绝不拖延肯定是其最重要的品质之一。因为拖延从表面上看，仅是耽误了做一些事情的时间，但是长此以往，这却是一个能严重影响人进步的坏习惯。

很多人可能觉得拖延一会儿没有什么，但就是这一会儿可能就给你的生活带来了意想不到的变化。要知道，绝大多数不成功的人正是因为拖延才错过了种种机遇，让自己始终停滞不前。如果不去拖延，及时采取行动，就会给自己的人生带来意想不到的转机。

几年前，莎妮是大学里艺术团的歌剧演员。那时她就向人们展现了一个美丽的梦想：大学毕业后先去欧洲旅游一年，然后要在百老汇成为一位优秀的演员。

第二天，莎妮的心理学老师找到她，尖锐地问了一句：“你旅游后去百老汇跟毕业后去有什么差别？”莎妮仔细一想：“是呀，赴欧旅游并不能帮我争取到百老汇的工作机会。”于是，莎妮决定一个月以后就去百老汇闯荡。这时，老师又问她：“你现在去跟一个月以后去有什么不同？”于是，莎妮想准备一下，然后下星期就出发。老师却步步紧逼：“所有的生活用品在百老汇都能买到，为什么非要等到下星期动身呢？”

莎妮最后说：“好，我明天就去。”老师赞许地点点头，说：“我马上帮你订明天的机票。”第二天，莎妮就飞赴纽约百老汇。当时，百老汇的制片人正在酝酿一部经典剧目，有来自各国的几百名演员前来应征主角。

莎妮费尽周折地从一个化妆师手里拿到了将排的剧本。在这以后的两天中，莎妮闭门苦读，悄悄演练。初试那天，莎妮以精心的准备出奇制胜，顺利地进入了百老汇，穿上了她演艺人生中的第一双红舞鞋。

凡是成功的人都能理解这句格言：拖延等于死亡。阿莫斯·劳伦斯也说过：“整个事情成功的秘诀在于养成立即行动的好习惯，这样我们才会站在时代潮流的前列，而另一些人的习惯是一直拖延，直到时代超越了他们，结果就被甩到后面去了。”

很多人习惯于等待，习惯于拖延，习惯于在自己认为合适的时间做事。但是，时间是残酷的，它不会因为你的等待就多陪伴你一会儿，无论你怎样挽留，它都不会停下前进的脚步。

所以，想要早日登上成功殿堂的人，一定要根除拖延的坏习惯，一定不要将今天的事拖到明天再做。真正做到告别拖延，你就会发现成功并不那么难。

学会合理得运用时间

成功与成就往往来自科学地安排时间，因此，每个立志于成功的人都要树立正确的时间观念。要认识到今天是我们唯一能利用的时间，过去已经是一去不回，而未来只是一种观念。

成功是在时间中进行的，任何财富都是时间与行动结合后的结果。时间与成功有着密切的联系，人的才能要想得到充分的发挥，并尽快踏上成功之路，如果没有充分利用时间，提高工作效率，那只能是美好的愿望而已。

乔治是一位成功的职场人士。当他的老同学还在为饭碗而苦苦挣扎时。他已经顺利地完成了由低级白领到高级白领再到金领的过渡。有人想要探得其中的奥妙，乔治说，其实挺简单，换来这份从容的，也就是半小时。

乔治说他刚参加工作时，父亲对他说："你能不能试一试，每天早出门半个小时？"他看了父亲一眼，对父亲的话并未十分理解，但他决定试一试。

从第二天起，他开始比正常时间早半个小时出门。当他走到公共汽车站时。发现等车的人不多，来到车上，又发现有许多空位，比平时惬意多了。进到办公室后，同事们还没来，他在办公室里伸展了一下手脚，而后开始听一段音乐。

当同事们匆匆忙忙地打卡、手忙脚乱地开抽屉时。他的面前已放好了需要整理的材料，并泡好了一杯热茶，接下来的工作是有条不紊的。不到中午的休息时间，他上午的工作就提前完成了。

悠闲的午休结束后，下午的工作又开始了。到下班时，当有些人还在手忙脚乱地忙活，另一些人在疲惫不堪地打着哈欠时，他还是那样的神清气爽。

看看，这些好处的获得只因早出门半个小时。乔治说他很感谢父亲，是父亲教会了他掌握时间和命运的主动权，用半个小时换来了从容。

在当今这个生活节奏加快的年代里，人们似乎每天都没有充裕的时间去做完想做的事，所以，许多念头就此打消了。但世界上仍有许多人坚持每天挤出不多的时间发展自己的个人爱好。

其实，要挤出这一小时并不容易，需要有决心和恒心。更重要的是如何设法得到这一个小时，并且有效地利用它。不夸张的说，每个人的头脑都有能力去创造和想象，关键是要为自己寻找到机会。

上述事例向我们展现了这样的道理：凡在事业上有所成就的人，都有一个成功的诀窍：化废为宝，变“闲暇”为“不闲”。成功者都懂得把那些常人不注意的、闲散的时间收集利用起来，并因此取得骄人的业绩，让那些不懂得这一诀窍的人目瞪口呆。

因此说，每天有效地利用时间，就是给自己增加时间，增加成功的资本。

把每天都当做最后一天

关于时间，有位名人这样说：“认识你的时间，是每个人只要肯做就能做到的，这是一个人走向成功的必由之路。”事实上，如果能正确地认识并利用时间，那成功的机会将大大增加。

对每个人来说，每天都拥有同样的时间，而如何利用就成了最关键的问题。对时间的利用程度不同，所得到的结果也会完全不一样，取得的成绩更是千差万别。

对于有志于成功的人来说，对时间的最好态度就是把生命的每一天都当成最后一天来过，这样，你就有了紧迫感，就有了压力，也就有了前进的动力，也就能更快更好地实现自己的目标。

美国公路自行车赛职业车手兰斯·阿姆斯特朗在他的自传《生命的呐喊》中这样写道：“你活的每一天，都应把它当做是你生命中的最后一天去度过。这句俗语确实是个不错的忠告，但它并不奏效。就拿我来说吧，我曾经尝试过，而我的体会是：如果我只是追求快乐，仅为眼前而活着，那我将是一个差劲的丈夫和父亲，一个永远幼稚无能的庸俗之辈。是癌症使我认识到这一点，我懂得了，如同无法实现的愿望和意外的惊喜一样，遭受痛苦对于美好的人生同样是必要的。

在患癌症之前，无论我设想幸福是什么，都会很快厌倦，或认为它是想当然的，或干脆丢到一边。一个公文包，一辆高级小轿车，一个咖啡机，这些东西对我来说很重要。可是后来我失去了它们，也包括我的头发。”

一个癌症患者，在即将失去生命的时候，没有悲观抱怨，而是积极振作，在生命最后的日子里不懈奋斗，最后又成了一名冠军，他的故事不只是传奇的经历，更带给人们一种思考，思考该如何面对生活，面对时光的流逝。

如果把每一天都当成最后一天来过，我们就会更珍惜每一分每一秒，力争在有限的时间内做出更多的事情。同时也会发现生活中充满了值得自己为之奋斗的目标。这样，我们就能在平凡的生活中体会到更深层的意义，并激励自己为之努力。

总之，要想取得成就，就要抓紧每一天，每一分钟，把每一天都当做最后一天来过。该做的事情抓紧去做，不要给生命留下太多遗憾。只有这样，你才能表现出更优秀的自我，才能更快地获得成功。

正确安排时间提高效率

虽说时间是上帝赋予我们的资本，给每个人的都是一样多，但成功的使者却是挑剔的，他只让那些能合理有效利用时间的人拥有它，而对于浪费时间的人，哪怕他再有才干，也不会得到成功的青睐。

谁都知道时间就是财富，就是生命。谁也都知道要合理安排时间，但落实到行动上，那就很难如人所愿了。

不要忘了，别人拥有的时间既不比你多也不比你少，成功人士一天拥有的小时数，跟我们都一样，每个人每天都有24小时，一年平均365天，所以你在24小时里拥有1440分钟。当你明白这个道理时，问题就不是你有多少时间可以用来做事情，而是你该如何运用时间。

可以说，安排好了时间，就会在通往成功的路上走得更顺。而很多人都在抱怨自己的时间不够用，这其实是因为他们没有利用好时间。那么，该如何有效地安排时间，让自己在有限的时间内做更多的事情呢？一般来说，有以下几点需要特别注意：

首先要做到抓住重点。在一位企业老总的办公室门上，挂着这样的标语：不要把问题带给我，要把答案带给我。在很多成功者看来，做事最主要的是远离琐碎，抓住重点。也就是说，一次只做一件事情，一个时期只抓一个重点。这样才能有的放矢，在纷繁复杂的事情上理清头绪，从容地做好每件事。

其次是要遵循二八原则。对于这个原则大家也许都不是很陌生了，它强调的是要把精力集中在最出成绩的地方，要用投入的20%的精力获得80%的回报，这才是合算的做法。

最后就是要做到做事条理化。有条理的工作方式可以减少重复，大大提高工作效率。工作无序，没有条理，必然会浪费时间。工作有条理，既是一件最容易的事情，也是一件最困难的事情，它要求我们把自己的工作任务清楚地写出来，还要全面合理地安排好自己的工作。

另外，除了我们前面所说的这三点外，还要注意的一点就是学会控制你的“中间”时间。假如你的一天是个箱子，那么每一件要做的事情就是一个个的保龄球。要把它们装进箱子，就需要占用一定的空间。当装满之后，你虽然没有办法将另外的球放到这个箱子里，但是却可以把许多小球塞到这些大球之间的空隙里。

拿工作来说，你可能无法承担一项额外的主要任务，但是你却可以通过利用大任务之间的零碎时间来完成那些小的、琐碎的但又比较重要的事情。这些零碎的时间看起来并不起眼，但是如果加在一起，就会显示出庞大的力量。

总之，合理安排好时间，你就会觉得自己的时间很充裕，做事效率很高，反之拥有再多的时间也不够用。要想早日获得成功，学会利用时间是不可缺少的要素。

机遇是要通过自己去追求的

成功是人人都渴望的，成功也离不开机会，成功的人一般都具备这样的特点，那就是善于创造机会，利用机会。

有的人因为抓住机遇而“柳暗花明又一村”，摘取了成功的桂冠；也有的人因为与机遇擦肩而过，还在“山重水复疑无路”，甚至有的人为错过机会而抱憾终生。

一般来说，对待机会，有两种态度，一是等待，二是创造。等待又分为积极等待和消极等待两种，但不管是哪种等待，都需要我们去主动创造有利的条件，让机会较快地降临到自己的身上。

机会是不可捉摸的，它有时潜伏在你努力的工作中，有时徘徊在无人注意的环境里，如果你不用积极主动的精神去寻找它、利用它，那你可能永远都看不到它。

在美国有一位叫西尔维娅的女孩子，她从小就梦想着成为一名电视节目主持人，她经常对自己和朋友说，只要有人愿意给我一个上电视的机会，我就肯定能成功。然而，她一直在想，一直在憧憬着上电视的机会，结果什么奇迹也没有出现。日复一日，西尔维娅在憧憬和等待中度过。

与此同时，另一位叫蒂亚的女孩却实现了做节目主持人的梦想。她在大学毕业之后，跑遍了洛杉矶的每个广播电台和电视台，但遗憾的是，事情并没有她想象得那么顺利，那里的广播电视机构都回复她说：“我们不雇佣没有工作经验的人。”

但是蒂亚并没有因此而退缩，而是继续走出去寻找机会。后来，她在一份电视杂志上看到一则广告，说密歇根州有一家很小的电视台要招聘一名预报天气的女孩子。

于是，蒂亚立即动身来到了密歇根州，经过努力，她终于得到了这份工作。她在这里工作了五年，后来调到了洛杉矶电视台。又过了三年，她凭着自己的勤奋成了一名出色的电视节目主持人。

从这两位女孩子的身上，我们可以比较出西尔维娅这种典型的失败者的思维和蒂亚这种成功者的想法不同之所在。问题的关键就在于西尔维娅在近十年的时间里，一直停留在幻想中。然而，时间不会因你的等待就为你停留，机会也不会无缘无故为你打开绿灯。在漫长的等待中，失去的只会越来越多。而蒂亚在同样的理想面前，采取了积极的行动，哪怕是一份微不足道的相关工作，她也做得有声有色，最终为自己赢得了想要的一切。

抓住机会，将会为自己的成功添砖加瓦。因为，命运是掌握在自己手中的，任何把希望寄托于外界的人，都不可能主动把握住机会，因此也就无法得到成功的青睐，只有积极地采取行动，千方百计地为自己创造机会、利用机会，最终才能获得成功。

抓住成功的机会

一个人一生中因多次机缘巧合而成功的，这种情况出现的概率并不高，但一生也无任何机遇的人大概也没有。

既然每个人都可能遇到好的机会，那么为什么还有那么多失败的人呢？显然，那是因为他们没有牢牢地把握机会。卡耐基曾说过："当机会呈现在眼前时，若能牢牢掌握，十之八九都可以获得成功。"但是，如果你没有做到，又怎么能奢求成功呢？

当然，仅有抓住机遇的意识还不够，许多时候，机遇不会从天而降，它是需要你主动去发现、去创造的，美国毕马威会计师事务所的董事长和首席执行官尤金·奥凯利曾说过："机遇之神出现时，从不佩戴财富、成功或者荣誉的标志。"拿破仑·希尔也说过："机遇属于那些主动去寻找，并且知道到哪里去寻找和如何寻找的人。"

A是一家外企的白领，虽然待遇不错，但他总觉得自己的满腔抱负得不到施展，因此每天都在想：要是哪天能有机会遇到总裁，展示一下自己的才华就好了。A的同事B也有同样的想法，但两人的做法截然不同——A只是想想，B却行动起来。他明里暗里地打听，并根据自己的观察，了解了老总毕业的学校、行事风格。然后，胸有成竹地期待有一天能够遇到老总。可是，这一天迟迟未能到来。显然，A和B的同事C头脑更加灵活，他在掌握了B所掌握资料之后，还打听到了老总上下班的时间和习惯坐哪部电梯。之后，他精心设计了几句简短却不失分量的开场白，算准时间去乘坐电梯，不出意料地遇到了老总，彬彬有礼地打了招呼。经过几次这样的“巧遇”，老总对这个青年渐渐留了心，终于找他长谈了一次，C也因此争取到了更好的职位。而A和B还是每天都在为自己得不到重用而抱怨，还不断地幻想巧遇老总的机会。

那么，在职场中，我们该如何准确把握时机呢?

第一，要善于捕捉和分析各种信息。职场信息铺天盖地，绝非每一条都对你有用，因此要判断哪些是你需要的、对你有益的。

第二，充分动用你的聪明才智分析出职场变化的趋势，主动去寻找机遇。

第三，要具备挑战机会的勇气和自信，在机遇到来时，不要畏畏缩缩。你要明白，机遇是有时效性的，“机不可失，时不再来”，它常常来得快去得也快，如果一味地患得患失，必将错失机会，离成功越来越远。

最后，请记住巴斯德的一句名言，“机遇只偏爱那些有准备的头脑。”因此，想要准确把握时机，你就要培养一个“有准备的头脑”，从知识、能力、品格等各方面完善自己，提高自己的综合素质。总之，人的一生中充满了机遇，只要你为机遇的出现做好了准备，能发现和辨别机遇，并合理地利用各种机遇，那么你离成功也许就仅有一步之遥了。

勤奋的人就会有好的机遇

有人说，机遇就像是一粒种子，在黑暗的泥土中汲取营养和能量。慢慢地积蓄力量，一旦听到春风的呼唤，就会破土而出，茁壮成长，而这个“春风”就是勤奋。

有些人对自己所处的境况不满意，他们没有从自己的身上寻找原因，而是主观地将自己的境况归咎于机遇不佳所致。他们整天牢骚满腹，哀叹自己境遇不好，没有遇到能够发挥自己才能的机会。他们并不懂得，勤奋才是实现机遇的动力，因为它体现出了一个人对待自己所从事的工作的态度。

也许有人认为机遇是成功的关键，但事实上却并非如此，不管做什么事情，即使是有了机遇，也需要去努力，用不屈服的精神去苦干，因为只有积极勤奋地努力，才能挖掘出潜在的能量。很多成功人士的成长都离不开勤奋，比如我们所熟知的卡内基。

在卡内基年轻的时候，他在匹兹堡做过一个负责递送电报的工作。随着这份工作越来越得心应手，卡内基开始希望自己成为一名接线员，因此，他晚上自学电报知识，每天早上提前跑到公司，在机器上练习。一天早上，公司突然收到了一份电报，这是一份从费城发来的紧急电报，但是当时由于时间太早，接线员都没有上班，于是卡内基立即跑去代为收了下来，并赶紧送到收报人的手中。从这以后，卡内基就被提升为接线员，薪水也增加了一倍。

在做了接线员以后，由于他工作勤奋，态度积极认真，因此很快引起了公司领导的注意。后来，宾夕法尼亚铁路公司建立了一条专用的电报线，卡内基被指派为接线员，随后被升为监理的私人秘书。

就这样，卡内基以自己的勤奋和上进为自己的未来铺了一条道路，之后，他在这条路上踏实地走着，并最终获得了超凡的成功。

很多人抱怨运气不好，没有好的机遇。其实机遇之神或多或少都敲过我们的门，只是因为我们实力不足而无法把握，才让机遇擦肩而过。这就说明机遇只是成功的偶然因素，成功的必然因素还是自身的才能和实力。

“机遇只是为有准备的人准备的”，这句话是说只有本身具备了应有的才能和实力，并抓住了每次良机，才能获得成功。可见，机遇是成功的种子，但它只有在一定的条件下才会发芽，如果你本身没有达到获得这份机遇的条件，那么机遇再好对你来说也没用，只是擦肩而过罢了，关键还在于你自身的努力。

因此，成功者总是这样看待机遇，那就是我们在成功的道路上必须努力提高自身的素养，使自己拥有获得成功的才能和实力。做好了这些，再把握好机遇，就能最终成功。

PART 7 第七章

成功人士要有的好习惯

CHENG GONG REN SHI YAO YOU DE HAO XI GUAN

很多人通常在失败的时候就抱怨，将失败归咎成天时、地利、人和不济，实际上，当面对失败的时候，很多人都没有进行自我检讨，将自己犯的错误归类，总结出好习惯和坏习惯。好习惯比如守时，做事有主次，有时间管理的概念，待人有亲和力等等，成功者也要总结自己的坏习惯，比如工作的环境凌乱，不能控制自己的情绪等等，许多的小事情都关系到了大的事情。

成功是通过争取得到的

在成功者看来，想要获取成功，使生命焕发出光彩，使自己的人生圆满，积极主动的精神是不可缺少的，而有这种精神的人，一定都会遵循“个人愿景的原则”，即相信自己能通过积极主动的行为实现自己的愿望。

正如美国文学家及哲学家梭罗说的那样：“人性本质是主动而非被动的，不仅能消极选择反应，更能主动创造有利环境。采取主动并不表示要强求、惹人烦或具侵略性，只是不逃避为自己开创前途的责任。最令人鼓舞的事实，莫过于人类确实能主动努力以提升生命价值。”

有一家公司的总裁才华横溢，处事精明干练，并且能敏锐地把握流行趋势，但是他在管理下属时却十分独裁，总是对他们颐指气使，从来都不放实权。人人都只能奉命行事，就连职位仅次于他的主管也是如此。主管们对总裁的这种作风十分不满，一有空闲就聚在一起大发牢骚。但只可惜他们只是在嘴上说说，结果往往以上司太独裁为借口，不愿意主动出击，改变这种局面。

然而，有一位主管却没有屈服于这种环境，他对上司的缺点心知肚明，但却没有牢骚满腹，而是想尽办法弥补那些缺点带来的后果。比如，上司颐指气使，凡事不容商量，他就刻意缓冲，想办法缓解属下的压力。同时，尽量配合上司的长处，把努力的重点放在自己能够着办的范围内。

工作时，他总是设身处地站在上司的角度考虑问题，尽量体会上司的用心，能多做就多做。

总裁对这位主管的表现很满意，在以后开会时，其他主管依然只是奉命办事，只有那位积极主动的主管，会受到总裁的征询，提出一些建议。上司的这种态度在公司造成很大震撼，那些消极怠工的人又找到了新的攻击目标。他们对那位主管受到总裁的礼遇满怀嫉妒，纷纷猜测其中的原因，有人甚至说得很难听，幸好那位主管对各种批评毫不在意。时间久了，他越来越得总裁信任，在同事间的影响更大。显然，这位主管没有依靠客观的条件而取得成功，是积极主动的精神成就了他。起初，很多人跟他的处境一样，但这些人态度消极、行事被动，自然难有成就。

有人误认为“积极主动”是“强出头”、“独裁”等的象征，其实不然。积极主动的人只是比较理智，能够对客观环境做出正确判断，并迅速行动起来去解决问题。

与积极主动的人相比，消极被动的人更易被客观环境所左右。比如，如果天气晴朗，他们的心情就会比较愉悦，反之，就会无精打采；如果受到礼遇，他们就会兴奋起来，反之，则会逃避退缩。

因此，如果你希望摆脱平庸，实现自己的人生价值，那么请培养积极主动的习惯，并以此为后盾，积极做好每一件事吧！

成功需要自我领导的精神

人的一生，岔路很多，稍不谨慎就会走了冤枉路。许多人一生忙忙碌碌，拼命苦干，到头来却发现通往成功的阶梯搭错了墙。因此，忙碌的人们也许很努力，却不见得忙得有价值。为了避免这种令人遗憾的事情出现，人们最好能够做到“以终为始”，遵循“自我领导”的原则。

前美国最高法院大法官霍姆斯说：“太多人成功之后，反而感到空虚，得到名利之后，却发现牺牲了更可贵的事物。因此，我们务必掌握真正重要的愿景，然后勇往直前坚持到底，使生活充满意义。”这就是“以终为始”的最佳注解。

需要强调的是，“以终为始”是以自我领导的原则为基础的，在这日新月异的时代里，人们需要方针，需要引导，而任何人都难以预料事情的发展方向，于是，“自我领导”，即依靠自己的判断行事就显得更加重要了。认识“以终为始”的重要性，培养自我领导的习惯，相信你一定能脱颖而出。

在未曾入住过一家连锁旅馆之前，科威先生对这家旅馆的良好口碑和日益增长的营业额是持有怀疑态度的，直到亲自住了进去，感受到那里的服务之后，他才打消了一切怀疑。以下是他的自述：

这家连锁旅馆的服务态度，实在令我难以忘怀。那绝不是表面功夫，而是全体员工自动自发的行为，当时我要去这家旅馆主持一项研讨会，进去时，由于时间已经很晚，用餐时间已经过了。但是侍应却主动表示可以去跟厨房要求一下。

第二天，在研讨会开始之前，我才发现所带的色笔不够。心急之下，随便拦住了一个侍应，说明困难，侍应看了一眼我的名片，马上说："科威先生，这件事交给我。"他不仅没有推辞说"我去哪儿给你找"之类的话，而是一口答应下来，并且表现出荣幸的样子。

此后，我又亲身观察到了他们在提供服务时，主管并未在旁边监督他们的工作。这令我好奇，于是我去请教旅馆的经理秘诀在哪里。经理拿出了一份宣言，说："这是我们根据总公司的要求制定的规章制度。"

"具体是谁订立的呢？"

"全体员工。"

这两份文件代表了整个旅馆的中心思想。全体员工共同制定规章制度无疑是一种创举，而正是因为制度是自己制定的，所以尽管做事时主管不在身边，每个员工也都能坚决遵守制度。

每个人在人生中都扮演着各种各样的角色，每个角色也都承担着不同的责任。因此，在成就自己人生价值的过程中，怎样做到面面俱到、兼顾全局就成了对你最大的考验。然而，无论困难有多大，请记得，只有心中秉持恒久不变的真理的人，才能在动荡的环境中屹立不倒。

如果你能做到"以终为始"，确立了个人的使命，同时在完成这个使命的过程中坚持自我领导的原则，你就不会被困难打倒。因为，以使命和原则为生活重心的人，见解必然不同凡响，思想行为也自成一派。他们拥有坚实的内在，坚定的人生方向以及超出旁人的智慧和力量，这些都决定了他们会有充满意义的一生。

调整好做事情的顺序

所谓千金难买寸光阴，人们在生活中，却往往为了许多无关紧要的小事花费大量的时间，为了避免这样的事一再发生，我们一定要学会有效地管理自己的时间。

史蒂芬·柯维说："有效管理是掌握重点式的管理，它把最重要的事放在第一位。由领导决定什么是重点后，再靠自制力来掌握重点，时刻把它们放在第一位，以免被感觉、情绪或冲动所左右。要集中精力于当急的要务，就得排除次要事务的牵绊，此时要有说'不'的勇气。"做时间的主人而非奴隶，这是取得成功的必要条件！

据说，有一次在课堂上，苏格拉底拿了一个空瓶子，然后从桌子底下拿出一袋鹅卵石，全部放进了瓶子，放完之后，他问学生："你们说瓶子是不是满的？"学生们异口同声地答道："是的。"苏格拉底又从桌子下面拿出了一袋碎石子，从瓶口倒下去，摇一摇，就再加一些，然后又问："现在瓶子满了吗？"这下学生们不敢马上回答了，过了一会儿，一个学生小声说："也许没满。"苏格拉底不说话，又从桌子下面拿出一袋沙子，慢慢倒进瓶子里。然后，再问他的学生："现在有谁能告诉我，这瓶子是满的还是没满？""没满。"这下大家都变"聪明"了。

苏格拉底会心一笑，从桌子下面拿出一大瓶水，全部倒进了看起来已被鹅卵石、碎石、沙子充满的瓶子，之后站起身，大声说："各位同学，我想知道你们从这个实验中得到了什么启示？"一个学生抢先答道："无论我们的时间多么紧，只要十分想做一件事，就能挤出时间。"苏格拉底点头，笑道："你说得不错，但是我更想告诉你们的是，如果你不先把大块的鹅卵石放进瓶子里，那你以后很可能就再也没机会把它们放进去了。"

在这个实验中，鹅卵石代表最重要的事，碎石次之，沙子再次之，水又次之，苏格拉底是想告诉人们，应合理分配时间。

在处理日常事务的时候，按照工作的重要性将其排队，将最重要的事情放在第一位。这样，工作中重要的事才不会被无限期地拖延；这样，工作对于你而言就不会是一场永无止境、永远也赢不了的赛跑，而是可以带来丰厚收益的活动。

"要事第一"，这个原则提出了人与时间的密切关系，因为时间是不会回头的，时光是无法倒流的，任何一个人，想体现生命的价值和意义，都无法脱离时间的束缚。我们提倡先做重要的事，就是因为时间是有限的、浪费不起的。在这种情况下，谁能把精力用在最见成效的地方，把"好钢"用在"刀刃"上，谁就是最大的赢家。

将双赢作为最终目标

何谓“双赢”？简言之就是“利人利己”。损人利己，不但算不上单赢，而且还是一种不道德的行为。只有“利人利己”才能让自己和他人共同进步、共同取得成功，因此它被称为“双赢”。

有一个果农，无意中得到了一种高质量的种子，结出来的果实皮薄、肉厚、甘甜而又不招害虫，在收获的季节，他的果子引来不少果商购买，这使他狠狠赚了一笔。同乡们羡慕他的成功，于是纷纷去“取经”，希望果农能告诉他们种子的来源，带领大家一起致富。果农想了想没答应，他的同乡没办法，只好去买其他的种子种果树。那个果农起初的几年凭借自己的新果子着实发了财。可是过了几年，等他的同乡们的果树长成、收获时，他的果子再也没人买了。他百思不得其解，就去省城请教专家。专家告诉他，你的同乡们种的都是旧品种，只有你的是新品种，果树开花时，蜜蜂、蝴蝶通过风传递花粉，把旧品种的花粉带到了你的果树上，所以你的果子质量就下降了。“那有什么解决的办法吗？”“事情很简单，告诉大家你的种子的来源，让大家都种。”果农也想通了，于是照做。再到收获的季节时，果农和他的同乡们都获得了大丰收，果子也卖了个好价钱，大家都高兴不已。

在这个故事里，果农起初只考虑自己的利益，不肯给乡亲们提供新品种的来源，却没想到只是享受了短暂的几年的好处，就面临了几乎是灾难性的后果。这说明，一个人如果一味地自私自利也许暂时会得到一些好处，但从长远的角度来看是得不偿失的。

史蒂芬·柯维在他的著作《实践七个习惯》中分析道："双赢思维是一种基于互敬、寻求互惠互利的思考和心智的框架，目的是获得更丰盛的机会、财富以及资源，而不是基于资源不足的敌对式竞争。双赢既非损人利己（我赢你输），亦非损己利人（我输你赢）。我们的工作伙伴及家庭成员要从相互依存的角度来思考解决方案。双赢思维鼓励我们解决问题，并协助个人找到互惠互利的解决办法，是资讯、力量、认可及报酬的分享。利人利己者把生活看做是一个合作的舞台，而不是一个角斗场。一般人看事多用二分法：非强即弱，非胜即败。其实世界之大，人人都有足够的立足空间，"他人之得不必就视为自己之失"这番话可以说将"双赢"思维分析得极为透彻。

所以在处理人际关系时，应本着互惠互利的原则，照顾到方方面面，尽量使每个与自己共事的人都能得到好处，取得"双赢"的结果，这样你才能对别人产生影响，才可能成为众望所归。

了解对方更能接近成功

在竞争日益激烈的职场，不论是普通员工还是管理者，几乎每时每刻都要面临着沟通的问题，与上司、同事、客户的沟通几乎占据了我们大部分时间，所以沟通技巧的高低往往决定了一个人职业生涯最终能达到的境界。

只有充分了解和认可沟通的重要性，掌握与人沟通的技巧和能力，才能赢得别人的喜爱、信任与合作，从而获得成功。由于家庭背景、学历程度、兴趣爱好等方面的差异，我们遇到的人通常形形色色，倘若你能了解对方是哪种类型的人，接下来相机而行、对症下药，对解决问题往往有事半功倍的效果。

蓝丝是某跨国公司人力资源部经理助理，她的顶头上司，也就是人力资源部经理，也是一位年轻的女性。不知道是不是同性相斥的缘故，蓝丝总觉得上司对自己有敌意，但是蓝丝在大学时主修过心理学，许多心理学著作都提到过一点："人们喜欢那些喜欢自己的人。"也就是说，她一定要做出喜欢上司的样子，这样她才可能得到上司的认可。

蓝丝想到这里，便努力通过各种途径去了解上司的方方面面，使自己传达出了"喜欢"上司的信息。首先，她会在恰当的时候用满是敬服的眼光肯定上司的判断，跟上司对话时，从不忽略细节；其次，蓝丝有意模仿上司的衣着，当然只是模仿绝非抄袭；其三，在待人处事时，蓝丝尽可能跟上司保持一致，即使有不同意见，只要不涉及原则性的问题，她就会保留意见；其四，像关心朋友一样关心上司，但从不像朋友一样打听她的私生活；其五，经常虚心地向上司请教，态度诚恳、对答得体。

后来，事态的发展更使蓝丝为自己没有弄错方向而欣喜——上司升职前，向公司推荐她接替自己，两人的职场友谊也一直持续到现在。

人们在谈到“沟通”一词时，往往首先想到的是“说话”这种沟通方式。的确，说话是一种很重要的沟通方式，但并不是唯一的。在与人沟通的过程中，肢体语言同样重要。推而广之，用行动与对方沟通，也是一种重要的方法。

无论通过何种沟通方式，只要能传达出自己想要传达的信息并让对方了解，这就是有效的沟通，而要想做到这一点，也必须对对方有一定程度的了解。在上文的例子中，蓝丝就是在了解上司的处事风格等基础上，不断地用一系列的行动来传达自己“喜欢”她的信息，最终获得了上司的认可。可以说，这是关于沟通的一个非常成功的案例。

事实证明，每一个想取得成功的人，仅仅有出色的工作能力是不够的，人际关系在很多时候都起着非常重要的作用。如果你既能做好本职工作，又能做到与各种类型的人进行有效的沟通，那么便可以少走弯路，提前成功。

同他人合作取得成功

当今世界是一个合作与竞争并存的激烈时代。尤其是竞争，可谓无处不存，无时不在。如果说竞争是一艘可以载着人们通向成功彼岸的轮船，那么合作无疑就是一条滔滔不绝的江水。没有合作，竞争只能是一个空洞而又毫无意义的词汇。

正所谓“独木不成林”，一个人无论力量有多么强大、智慧有多么出众，能力也毕竟是有限的。有人曾经问比尔·盖茨成功的秘诀，他答道：“因为有无数的成功人士在为我工作。”可以这样说，如果没有一大批杰出的人士精诚合作，盖茨的微软王国是不可能建立起来的。

是的，这是一个呼唤合作的时代，任何天马行空、独来独往的人在这样高度协约化、组织化的时代都将寸步难行。正因为时代呼唤合作，所以每一个渴望出人头地的人都应具备合作精神，致力于培养一种统合综效——创造性合作的习惯。

李嘉诚纵横商海多年，有着独特的经营理念，在这种理念中，“合作”是他非常看重的一种精神。

1987年11月27日，香港官地拍卖场上，买家对九龙湾工业用地的争夺战到了白热化的阶段。此次香港政府拍卖的官地位于九龙湾，底价2亿港元，每口竞价500万港元。长江实业集团董事长李嘉诚也出现在灯火辉煌的拍卖场上，并且在有人叫出2亿500万的价格后，很快有人叫价2亿1500万！李嘉诚对这个声音很熟悉，知道它的主人是合和实业集团的老板胡应湘。李嘉诚初涉地产业时，曾多次就一些问题向胡应湘请教，因此对他并不陌生。就在这个时候，地价已经抬升到2亿6000万。李嘉诚一急，连跳8口，喊出了3亿的高价，胡应湘则连跳11口，叫价3亿5500万。

很快，郑裕彤等地产大亨也纷纷参加竞拍，李嘉诚略一思索，派副手到了胡应湘的副手身边耳语一番。之后，胡应湘放弃竞拍，不再叫价。这时，有人将价钱飙到了4亿，已是底价的两倍。在短暂的沉默中，李嘉诚终于喊出了4亿9500万的天价。拍卖师发问，再也无人应答，李嘉诚竞拍成功，他当场宣布："这块地皮是我与胡应湘先生联合竞拍下来的，将用以建造国际性商业展览馆。"

在这次竞拍中，李嘉诚及时提出同胡应湘合作、与其共同开发这块官地是他竞拍成功的关键。精明的商人懂得如何处理好竞争与合作的关系，善于在竞争中寻求合作，变对手为合作伙伴，最终产生一种1+1>2的创造性合作。

有些人总是抱怨自己怀才不遇，不被团队所认可，殊不知，融入是一种双方的相互认可、相互接纳，你不能融入团队，是不是正是因为你没有意识到团队合作的重要性，以为现在还是一个单兵作战的时代呢？这个时代呼唤许多精神，而合作精神将永远是推动时代前进的不竭动力，因为个体的力量永远也无法与集体的力量相提并论。

成功人士大都经历过从"能干的人"到"团队好成员"的过程，他们成功的过程，其实就是被团队认可的过程。人类的世界因合作而精彩，希望我们每个人的生命也都能因合作而绽放出璀璨的光芒！

永远别停下学习的脚步

一个人，如何才能在竞争激烈的社会中，把握每一次机会，脱颖胜出呢？答案只有一个，那就是不断地学习。随着科技的飞速发展，知识的老化速度越来越快，今天能使你立于不败之地的知识，可能在明天就毫无用处了，而只有时时“充电”、更新自己的知识结构，才能使你处于不被社会淘汰的地位。

史蒂芬·柯维说：“不断更新谈到的是，如何在生活的四个基本领域（身体、社会情感、智力和精神）里不断使自己获得更新充电。对机构而言，不断更新的习惯促进了机构的更新以及不断的改善，使机构不致呈现老化及疲态，并迈上新的成长途径。对家庭而言，不断更新的习惯通过定期的个人及家庭活动使家庭效能升级。例如，建立使家庭日新月异的传统。”由此可见，自我更新无论对企业还是个人，都具有十分重要意义的。

在一所名牌大学的教室里，一群毕业生正在进行一场考试，这场考试是他们参加毕业典礼之前的最后一场考试。在他们看来，这场考试非常简单，不仅仅因为他们相信自己的实力，教授甚至允许他们带上任何需要的资料。

教授终于来了，但当他们拿到发下来的试卷后，脸上逐渐失去了笑容。三个小时后，教授一一收走试卷，有的学生已经汗如雨下。教授站在讲台上，大声问道："五道题目都完成的请举手？"没有一个人回应他。"那么，完成四道的呢？"所有学生这时都将头埋得深深的。等到教授一直问到"有没有完成一道题的"之后，全体学生都因深深的挫败感而无比沮丧。良久，教授微笑着说："我只是想让你们始终记得，虽然你们认真学习了四年，但是关于这个专业，还有许多知识是你们不知道的。即使已经是这所百年名校的优秀毕业生，但你们的学习依然只是刚刚开始。"

是的，生而有涯、学无止境，人的一生只要活着，学习就没有尽头，总有无数的东西要我们去学习。以为目前已经掌握了最全面、最专业的知识，可以一劳永逸，不必再学习了，这种想法，只会成为你成长道路上的巨大障碍。

社会是不断发展进步的，在今天以前，也许只要你拥有渊博的知识，就可能取得辉煌的成就，但是在今天，如果你不想被社会淘汰，你就要不断地学习，不断地实现自我更新，这样才能有效地提升自己的价值，让自己有能力承担更多的责任，从而为自己创造一个更广阔的发展平台。

PART 8 第八章

足够的自信才能成功

ZU GOU DE ZI XIN CAI NENG CHENG GONG

拥有自信是一种好的心态，就能很好地把自己的能力展示出来，不畏人言，自信能够将自己的能力全部发挥出来，拥有自信以后，就不会受到外界的影响，但是每个人的能力都是有限度的，都会有不能做到的事，也不能接受他人的闲言碎语，每到这个时候，就会很受打击，失去了信心，其实，信心的力量远比想象中的更大。

有信念才会有希望

一个人的内心中如果蕴藏着一个信念，并坚持不懈地为之努力，那么，他一定会成为笑到最后的人。

在英国伦敦，有一片古老的建筑，为了开辟新的街道，英国政府拆除了这些陈旧的楼房。后来，由于种种原因而久久不能开工，人们发现，在这片废墟上竟长出了野花。令人惊奇的是，其中一些野花在英国从来没有见过。后来，经自然科学家考证，这些野花的种子多半是由古罗马人带到这里的，它们被压在沉重的石头砖瓦之下，一年又一年丧失了生长发芽的机会。

人，就像那些被掩埋的花的种子，也有怀才不遇的时候，也有受压制被埋没的时候，但如果因一时的埋没而放弃心中的信念，那生命就会成为一具空壳，永远开不出希望的花朵。而有志成功的人无论人生的前景多么暗淡，哪怕看不到一丝亮光，也要把信念的种子细心珍藏。

人生就是这样，只要种子还在，希望就在。

罗杰·罗尔斯是美国纽约州历史上第一位黑人州长。他出生在纽约声名狼藉的贫民窟，那里环境肮脏，充满暴力，是偷渡者和流浪汉的聚集地。在这儿出生的孩子，从小逃学、打架、偷窃甚至吸毒，长大后很少有人从事体面的职业。然而，罗杰·罗尔斯却是个例外，他不仅考入了大学，而且成了州长。

在就职的记者招待会上，一位记者对他提问：是什么把你推向州长宝座的？面对数百名记者，罗尔斯对自己的奋斗史只字未提，只谈到了他上小学时的校长——皮尔·保罗。

1961年，皮尔·保罗被聘为诺必塔小学的董事兼校长。他发现这些孩子都很迷信，于是在他上课的时候就多了一项内容——给学生看手相。他用这个办法来鼓励学生。

当罗尔斯从窗台上跳下，伸着小手走向讲台时，皮尔·保罗说："我一看你修长的小拇指就知道，将来你是纽约州的州长。"当时，罗尔斯大吃一惊，他记下了这句话，并且相信了它。

从那天起，"纽约州州长"就像一面旗帜，激励着罗尔斯不断奋进。从此罗尔斯的衣服不再沾满泥土，说话时也不再夹杂污言秽语。他开始挺直腰杆走路，在以后的40多年间，他没有一天不按州长的标准要求自己。51岁那年，他终于成了州长。

在就职演说中，罗尔斯说："信念值多少钱？信念是不值钱的，它有时甚至是一个善意的欺骗，然而你一旦坚持下去，它就会迅速升值。"

在这个世界上，信念这种东西任何人都可以免费获得，所有成功的人，最初都是从一个小小的信念开始的。信念就是所有奇迹的萌发点，永远坚持信念，成功就会在前面等着你。

拥有自信更能接近成功

生活在现代社会，想要获取成功，就不得不在商场和办公室内步步为营。没有自信便不可能有成功，只有首先对自己充满十足的信心才可身披战衣，驰骋战场。自信，是人生成功的入场券。

可现实中，有许多人总觉得自己其貌不扬，或者在公司里地位低下，人微言轻，又或者觉得自己口才不好、人缘较差，其实，这都是由于人的自信心不足在作祟，这种自信心的不足极大地限制了人们原本有可能获得的成功。爱默生说过："自信是成功的第一秘诀。"

在美国，有一个叫露丝的女子，本来只是一个普通人，但是她的故事却让很多人津津乐道，这是为什么呢？因为常人很难想象，她是在30岁的时候开始学习芭蕾舞的。

露丝是一个从小就有着很多美丽梦想的女子，她总是梦见自己变成一个漂亮的女孩子，会跳很多好看的舞蹈，而实际上，她因为过于高大，容貌也不美丽，根本就与舞蹈无缘。在别人的眼里，她就不是一个从事艺术工作的人。在很长一段时间里，她自己也是这样认为的。由于害怕别人的轻视和嘲笑，她就只能把自己的舞蹈梦藏在心里。

露丝是一所技工学校的班主任，在工作中，她曾大胆地把《蓝色多瑙河》编成了舞蹈，并教给班上的孩子们跳。后来，芭蕾舞团的一个演员看了孩子们的演出，被露丝的想象力打动了。他们建议露丝去团里的业余班学习芭蕾，而此时的露丝已经是30岁的妇人了。

在学习之后的日子里，露丝说自己变得更加成熟，很多观念也开始发生变化。在她看来，自己的最大变化是，她开始尊重别人对自己的感觉，更尊重自己对自己的感觉，她不会再让别人的意见左右自己的行动。

这样做的结果是，露丝发现自己真的变漂亮了。她再也没有之前的自卑感了，而是大胆地尝试自己想做的一切。通过芭蕾舞的学习，露丝不仅实现了梦想，更学会了一种生活态度，塑造了一个全新的自我，而这一切的根基就是知道自己能行。

在这个世界上，信心是谁都可以具有的，大凡成功的人，最初都是从树立信心开始的，可以说，信心是所有奇迹的萌发点。一个人只要拥有了自信，那么不管遇到怎样的失败，遭遇怎样的挫折，成功都将属于他。

心中有信心，成功就有动力。莎士比亚说过："自信是成功的第一步。"一个从未被他人所打败的人，打败他的恰恰是他自己。我们想要成就大事，就必须充分地相信自己。

只要有坚定的自信，就能对自己所从事的事业充满力量。坚定的自信，便是成功的源泉，不论才干大小，天资高低，成功都取决于坚定的自信。相信能做成的事，一定能够成功。反之，不相信能做成的事，那就决不会成功。

让自卑远离自己

我们都听到过这样的话：人最大的敌人就是自己。外在的任何困难其实都不可怕，但如果自己被自己打倒的话，那才是真正的失败。

拿破仑·希尔曾经说过：要想永远保持乐观的态度和拥有成功的人生，那就请拔去自卑的重锚，扬起自信的风帆。

黄美廉就是这样一个克服自卑，获得成功的人士。

她在出生时，由于意外使脑部神经受到严重的伤害，以致颜面四肢肌肉都失去了正常作用。当时她的爸爸妈妈抱着身体软软的她，四处寻访名医，结果得到的都是无情的答案。她不能说话，嘴还向一边扭曲。六岁时，她还无法走路，家人都对她的前途失去了信心。

但就是这样一位在他人看来没有任何希望的人，却在经过多年努力后不但成为艺术博士，而且还开过多次画展，并为多家报刊撰写专栏。

在谈到自卑的时候，黄美廉说，自卑是很正常的情绪之一，但如果过分自卑，那就形成一种病态了。作为她本人来说，好像比一般人更容易自卑，但她已经学会接受自己。她早已习惯了别人对她的目光，她常说的一句话是：我只看我所有的，不看我所没有的。

有人说不自卑是成功的起点，事实的确如此。人纵有一万条理由自卑，也有一万条理由自信。战胜自卑，打败心中的敌人，将自卑变为发奋的动力，就能大踏步地走向成功。

每个人都知道，自信是所有成功人士必备的一项素质，而自卑则会使人对生活、对事业缺乏信心，始终在痛苦的泥淖中挣扎。

自卑的人总感觉处处不如别人，自己看不起自己，“我不行”“我没希望”“我会失败”等话总是挂在嘴边。自卑的人往往自尊心极强，自卑与自尊经常会发生冲突，这种冲突会使人产生极其浮躁的心理。

其实，谁都曾有过自卑的念头，但千万不要让这种危险的念头主宰了你，你要相信，你会战胜自卑的。

自卑会导致失败，这是显而易见的，它是一种消极的自我评价或自我意识。一个自卑的人往往过低地评价自己的形象、能力和品质，总是拿自己的弱点和别人的强处比，觉得自己事事不如人，在人前总是自惭形秽，从而丧失自信，不思进取甚至沉沦。但是，自卑对成功是起不了任何作用的，真正想获得成功的人，不管自身有着怎样的缺陷，都会将自卑踩在脚下，走出属于自己的成功之路。

周围人对我们的判断，常常取决于我们的自我评价。对于那些非常自信的人来说，周围的人也会非常信任他，另一些人非常胆怯，从来不相信自己，无法独立做出判断，总是依赖别人的意见，对这种人，周围的人自然也不敢信任他。如果一个人在做事时充满了自主性，能够雷厉风行，相信自己一定能成功，那么他就能赢得别人的信任，因为他是自信的。

用坚强的信念换取成功

成功离不开信念。信念是信心的延续，是信心的归宿。只有坚定信念，才能真正把握住自己，把握住历史，把握住趋势，把握住未来。才能拨开乌云见晴日，才能真正走向成功。

成功总是与困难为伍，当信念在困难面前退缩时，哪怕目标近在咫尺，成功也会遥遥无期；当信念把困难征服时，成功就会降临到你的面前。

一个人的一生需要面对许多机遇和挑战。要想挑战，就要鼓起勇气，坚定信念，并沿着自己的理想和信念坚定地走下去，才可以得到好的成绩。

随着《哈利·波特》风靡全球，它的作者和编剧J. K. 罗琳成了英国最富有的女人，她所拥有的财富甚至比英国女王的还要多。然而，她也曾有过一段穷困落魄的历史，而她的成功恰恰在于她坚持自己的信念。

罗琳从小就热爱英国文学，热爱写作和讲故事，而且她从来没有放弃过。大学时，她主修法语。毕业后，她只身前往葡萄牙发展，和当地的一位记者坠入情网并结婚。

无奈的是，这段婚姻来得快去得也快。婚后，丈夫的本来面目暴露无遗，他殴打她，并不顾她的哀求将她赶出家门。

不久，罗琳便带着三个月大的女儿杰西卡回到了英国，栖身于爱丁堡一间没有暖气的小公寓里。

丈夫离她而去，工作没有了，居无定所，身无分文，再加上嗷嗷待哺的女儿，罗琳一下子变得穷困潦倒。她不得不靠救济金生活，经常是女儿吃饱了，她还饿着肚子。

但是，家庭和事业的失败并没有打消罗琳写作的积极性，用她自己的话说："或许是为了完成多年的梦想，或许是为了排遣心中的不快，也或许是为了每晚都能把自己编的故事讲给女儿听。"她每天不停地写呀写，有时为了省钱省电，她甚至待在咖啡馆里写上一天。

就这样，在女儿的哭叫声中，她的第一本《哈利·波特》诞生了，并创造了出版界的奇迹。她的作品被翻译成35种语言在115个国家和地区发行，引起了全世界的轰动。

罗琳从来没有远离过自己的信念，并用她的智慧与执著获得了巨大的财富。即使她的生活艰难，她也坚信有一天她必定会到达事业的顶峰。

相反，一个没有信念，或者不坚持信念的人，只能平庸地度过一生，而一个坚持自己信念的人，永远也不会被困难击倒。因为信念的力量是惊人的，它可以改变恶劣的现状，形成令人难以置信的圆满结局。

有一位伟人说过："任何时候都没有理由丧失信心，只要事情还在继续，成功就不是幻影。"

坚定的信念可以帮助我们克服重重困难，跨过种种阻碍，促使我们付出积极努力的行动。如果一个人对成功的信念不够坚定，那么他就会在充满困难和阻碍的现实面前缩手缩脚，很难到达成功的彼岸。

作为梦想成功的人，我们应该拥有坚定的信念，相信自己总有一天会走向成功，因为我们每天都在为了目标的实现而坚持不懈地努力奋斗。只要坚定信念并不断付出，成功就一定会属于你。

坚信自己是最优秀的

成功学家卡耐基认为，如果你坚持只要最好的，往往都能如愿，生活的快乐与否，完全取决于个人对人和事物的看法如何。因为，生活是由思想造成的。只要相信自己是最棒的并配合相关的活动，那你终究会成功。

卡耐基说过这样一句话，如果你要的是二流或三流的，你就不会去寻找获得一流事物的方法，你也就永远与一流事物无缘。如果你坚持要最好的，你就会留心观察一流事物，模仿一流的表现，探寻一流的解决方法。

一位赛车手在比赛中得了第二名，他非常兴奋地跑回家，想把这个好消息告诉妈妈。他冲进家门叫道："妈妈，有35辆车参加比赛，我得了第二名！"

"这值得高兴吗？要我说——你输了！"母亲回答道。

"妈妈，你不认为第一次就跑第二名是一件很了不起的事吗？而且有这么多辆车参加比赛。"他抗议道。

"你用不着跑在任何人后面，如果别人能跑第一，你也能！"母亲严厉地说。

这句话深深地刻进了儿子的脑海里。

在接下来的几十年中，他称霸赛车界，成为运动史上赢得奖牌最多的赛车选手。他就是理查·派迪，他的许多项纪录到今天还保持着，没人能打破。

哈佛大学的罗森塔尔博士曾在美国加州一所学校做过一个著名的试验。新学年开始时，罗森塔尔让校长把三位教师叫进办公室，对他们说："你们是本校最优秀的老师。因此，我们特意挑选了100名全校最聪明的学生组成三个班让你们教，希望你们能让他们取得更好的成绩。"校长又叮嘱他们，不要让孩子或孩子的家长知道他们是特意挑选出来的。

一年之后，这三个班的学生成绩果然排在整个学区的前面。这时，校长告诉了老师们真相：这些学生只不过是随机抽调的最普通的学生，而他们也不过是随机抽调的普通教师罢了。

这个结果正是博士所预料的：这三位教师都认为自己是最优秀的，并且学生也都是高智商的，因此对教学工作充满了信心，工作自然非常卖力，结果也非同一般。

在生活和学习中，人们经常会遇到困难和挫折，而失败后的态度会决定所能取得的成就。很多人不敢去追求成功，不是追求不到成功，而是因为他们认为成功是不可能的，是没有办法实现的。这样，就因为害怕去追求成功而不得不忍受失败者的生活。

正如拿破仑·希尔所说："记住，你唯一的限制就是你自己脑海中所设立的那个限制。"可见，事情发生与否并不完全取决于我们的主观判断，我们认为不可能的事情往往会变为可能。每种事情都有发生的可能，我们千万不要认为自己一无是处。

信念拥有巨大的力量

一个人无论是富裕还是贫穷，无论学历高低，都在于他的信念，如果一个人想成功而没有信念，那么无论他在哪个行业，都不会是成功的。

一个人若是成功了，那么在谈到成功经验时，他可能会说出很多，但要是失败了，那原因可就不多了。世界上有20%的人是富人，而有80%的人是穷人，原因在于，成功与失败之间仅一步之遥，那就是信念。

有一位汽车销售员，由于不敢主动向顾客推销，只要顾客一拒绝就马上退缩，因此他的销售业绩始终是最差的，他的收入也就无法和其他的销售人员相比。

一天早上，当他正吃早点时，望着手中拿着的面包，脑海中忽然闪过一个念头："我如果再不能提升我的业绩，我连面包都没得吃了，那些来买汽车的顾客其实就等于我手中的面包啊！我能多争取到一位顾客就等于多一块面包。每天都有面包自己送上门，不需要去外面找，我为什么还退缩，不好好把握呢？"

就因为想法这么一变，每当有顾客上门时，他总是积极主动地为顾客介绍各种车辆的性能，并告诉顾客有关车辆的常识，让顾客有全然不同的感受。

除此之外，他还经常打电话给那些向他买车的顾客，访问车辆使用的情况，并且免费提供如何保养车子的常识。他的这种做法让那些跟他买车的人感到很满意，因此，当他询问他们是否有朋友或亲戚要买车子时，这些曾向他买车的人，都十分愿意介绍亲戚朋友向他买车。

就这样，他的客户便如滚雪球般不断增加，不仅销售业绩节节高升，收入也显著增加，经济压力完全解除，最后还成了有名的汽车销售大王。

可以说，世上所有的成功秘密都贯穿着一根“金线”，这根线可以用一个词来表达，那就是——信念，正是这一元素在所有那些对成功加以接受并坚持实践的人身上产生奇效，让人们通过精神治疗的方法得以痊愈，让他们攀上成功的阶梯。

信念是坚定的认知。对于每个独立的个体来说，树立并坚持信念，是生命中可贵的精神财富。不管目前的生活状况多么糟糕，不管你的薪水低得多么难于启齿，不管创业之路遭到多少冷遇，也不要怀疑你的信念。有了它的指引，你就能在矛盾中摆正心态，在失落中重新定位，才能“百尺竿头，更进一步”。

成功者的经验告诉我们，让信念走进现实，为自己制定明确可行的目标，不仅是为了得到社会认同感，同样也是对自己的生命负责，对自己的人生负责。信念是人们手心中的一块水晶，流光溢彩，闪耀着圣洁的光芒，现实的种种很容易让它破碎。只有精心呵护，才能让自己的人生放射出持久的魅力光彩。

努力提高自己就会成功

成功几乎是每个人都孜孜以求的，而发现自我是寻找成功的第一步。谁都不是一无是处，只是还没有发现自身的潜能而已。只要相信自己，努力提升自己，那么，成功就会在不远处向我们招手了。

英雄不问出处，是金子总会发光的。不管你来自社会的哪个阶层，也不管你现在所从事的是什么职业，只要你牢记心中的理想，微笑着面对生活，不在妄自菲薄中自暴自弃，也不在怨天尤人中萎靡消沉，时时留意身边的机会，努力奋斗并充实提高自己，你就一定会脱颖而出，成为一颗耀眼的明星。

托尼是一名普普通通的银行职员，他八年来一直待在这家银行，在银行里，他似乎是可有可无的人。已经30多岁了，可他还是住在单身公寓里。

托尼是个孤儿，他觉得现在的生活已经很不错了，他从未想过自己还能过更好的生活。本来，日子就这样平静地过去，可詹姆士的一个玩笑却改变了托尼的一生。

一天上午，詹姆士看到报纸上有一则关于拿破仑后裔的文章。文中提到，这些后裔很可能就分布在今天的伦敦市郊，他们中有的大部分都是孤儿，詹姆士知道托尼是孤儿，于是他打算捉弄一下托尼。

当托尼吃过午饭回到办公室的时候，詹姆士便开始大呼小叫地向托尼喊：“托尼，你的身世终于弄清了！”托尼大吃一惊，当大家告诉托尼，他很有可能是拿破仑的曾孙时，托尼的第一反应竟然是：“拿破仑是谁？”

托尼从图书馆中找来了所有和拿破仑有关的书。在阅读的过程中，托尼慢慢知道了，拿破仑是整个欧洲的大英雄，他曾率领着法国的骑兵踏遍欧洲的土地，即便被囚禁至死，他也仍然是个让敌人望而生畏的家伙。

意识到自己是这样一位大英雄的后代，托尼开始热血沸腾了。十年后，托尼已成为另一家银行的总经理。同时，他还拥有了数家属于自己的企业。他终于实现了自己的梦想——离自己的祖先所创下的成就更近了一些。

所有的成功之路，究其本质都是以适当的方式表现了自己的个性。我们的价值不在于外面的评价，而在于我们给自己的定价。我们每一个人的价值，都不是绝对的。坚持自己崇高的价值，接纳自己，磨砺自己，给自己成长的空间，每个人都能成为“无价之宝”。哪怕现在没有做出成绩，但只要坚信自己并不是一无是处，勇于奋斗并坚持不懈，就终能等到成功的出现。

学会控制好情绪

我们在对待这一切人和事时，怎样才能使自己有一个健康、积极的心态呢？这就需要我们具有情绪调控的能力，能够在内心深处保留一块平静而独立的空间。

弱者任情绪控制行为，强者让行为控制情绪。学会控制自己的情绪，不仅能让你每天幸福快乐，而且更可以帮你赢得他人的尊重和事业的成功。

邢磊是一家公交公司的客运司机。对待工作，他勤勤恳恳；对待朋友，他十分豪爽。因此，邢磊的人缘很不错，可是他有一个毛病太急躁。平时还好，但是只要家里有事，或者朋友有事，他就变得急躁起来，总想快点儿下班，然后去处理自己的事情。这时候，他开起车来，就十分的快，乘客对此常常抱怨，投诉信也一封接一封寄到了公司。

老板虽然也很喜欢邢磊，但是无奈乘客投诉太多，于是他把邢磊叫到办公室，说："小邢啊，你开车时别想其他事儿，别太心急，不然一车的乘客出了问题怎么办？今后，要多加注意啊！"

然而，老板的教导并没有让邢磊警惕起来，他开起车来，还是心急，一急就快。没多久，邢磊的车就与别的车追尾了，老板语重心长地对他说："小邢啊，我很喜欢你，除了这个毛病之外，其他什么都好。可是，你要是控制不好情绪，将来出了事，我也保不住你啊。"

然而，一个月后，邢磊的车再次追尾，而且情况比上次要严重得多。为了避免不良影响，老板不得不开除了邢磊。

人是自由的，有理想，能思考，有七情六欲，这种种因素时刻影响着我们的情绪，而各种各样的情绪又会自然不自然地体现在我们为人处世之中。每个人每天都要面对许多不同的人和事。当你用积极、善意的态度对待他人时，那么他人必将还你以积极、善意的态度；而当你用消极、恶意的态度对待他人时，那么他人还给你的也必然是消极、恶意的态度。

许多伟大人物和成功人士都是控制情绪的高手，情绪在他们手里变成了一件重要武器，帮助他们从容地处理事情、对待他人。而普通人则大多做不到这一点，他们常常被情绪牵着鼻子走，变成了情绪的奴隶，结果不仅给自己带来很多麻烦，甚至还会危及他人的利益。

自控能力强的人，处理问题时，能做到不骄不躁，其结果往往可以如愿以偿；自控能力差的人，处理问题时，总是心烦气躁，其结果自然是一塌糊涂，到最后只能是一事无成。

加倍肯定自身的价值

亲爱的读者，你有没有想过一颗麦粒的未来？

也许它会被装进麻袋里，等待着被喂猪；或许它会被磨成面粉，做成面包；又或许它会被撒在土壤里，孕育出新的生命。不同的做法，麦粒的价值是不一样的，孕育出新生命的麦粒肯定比被喂猪或者做成面包的价值要高得多。

不管是被喂猪，还是做成面包，还是当成种子，麦粒都无法选择自己的命运，因此它无法决定自己价值的高低。但是，我们人类则不同，我们可以选择自己的命运，我们也可以让自己的价值成倍地增长。不管是公司老板，还是政坛要人或者科学巨人，只要我们加倍重视自己的价值，这一切都将不会是梦。那么，请从现在起就加倍重视自己的价值吧！

正如高尔基所说："一个人追求的目标越高，他的才力就发展得越快，对社会就越有益。"有了目标，就要努力地去实践。

野田圣子37岁就被任命为日本邮政大臣，不仅是当时最年轻的内阁成员，更是唯一一位女性大臣。野田圣子的成功并不是因为她是前运输大臣野田卯一的孙女，而是依靠自己的艰苦奋斗得来的。她年轻的时候甚至还做过清厕员工，喝过自己清洗的马桶里的水。

那一年，圣子还在上大学，暑假的时候来到日本有名的百年饭店——

帝国饭店打工，但是很不幸，她被派去打扫厕所。为此，她总是抱怨，心想：“我一个堂堂大学生，这种活是我干的吗？”抱着这样的心态，她工作起来没有一点儿干劲，所以，没几天，她实在受不了，就决定辞职。

当她正准备去辞职时，突然看见旁边一个干了很久的清洁工拿着杯子从马桶里舀了一杯水后喝了下去，清洁工说了一句让圣子终生难忘的话：“我喝马桶里的水，是因为我对我打扫过的马桶非常有信心，我打扫的马桶的水一定可以喝，我有这个信心。”这句话让圣子深深震撼，她觉得很惭愧，于是她决定不辞职了，而且还给自己立下了一个目标：一定要把马桶刷到可以喝水的境界。

后来，野田圣子真的达到了这个目标，而且，通过这件事，她认识到就算没有被老板重用，也一定要自己先重视自己，让自己的价值加倍体现出来。终于，她在政坛上获得了成功。

因此，不管别人怎么看待我们，我们首先一定要重视自己，不仅要做好本职工作，而且还要发挥余热，加倍体现自己的价值。“一颗麦粒增加数倍以后，可以变成数千株麦苗，再把这些麦苗增加数倍，如此数十次，它们可以供养世上所有的城市。”难道我们还不如一颗麦粒吗？所以，请加倍重视自己的价值，踏踏实实地将目标付诸实践吧，总有一天，世界必将为我们的伟大而惊叹不已。

PART 9 第九章

良好的人际关系帮助成功

LIANG HAO DE REN JI GUAN XI BANG ZHU CHENG GONG

一个人在奋斗的过程中，总希望得到别人的帮助，但是没有人会无缘无故地帮助你，除非你引起了他的兴趣。而要使别人对你感兴趣，你首先就要表示出对别人的兴趣。这一切，就从谈论别人最感兴趣的话题开始。人们都喜欢谈论自己，如果你愿意拿出时间来谈论他人感兴趣的话题，那么无疑会获得他人的好感，从而使自己成为一个受欢迎的人，并收获良好的人际关系。

要准备好与不同的人相处

在生活中，我们经常会碰到所谓“难以相处”的人。因为工作等诸多原因，我们要长时间和他们交往、相处和共事，在这种情况下，我们改变不了现实，唯一能做的就是要学会如何与不同的人相处。

生活是一个大舞台，无论你在上面扮演什么角色，都离不开与其他人的合作。我们所生活的社会是一个复杂的综合体，与我们打交道的不只是与我们同一个类型的人，与我们性格不同、志趣不同的人，我们也需要与之接触、合作。

马克是个25岁的青年，他在一家名气很大的公司工作，无论是在学历方面还是在工作能力方面，都算得上是优秀的，可是，他却总得不到公司领导的提拔和重用。因为他只专注于技术，不肯花时间琢磨人际关系。

最后，在无法忍受主管的反复无常，看不惯主管的假公济私时，他决定辞职。在准备递交辞职信时，他在楼梯间遇见一位相邻部门的经理，因为之前有过数面之缘，因此两人互相微微一笑，点头打招呼。

经理看见马克手上的辞职信，一脸的惊讶，他说：“如果是因为你们部门的主管，那你可要考虑一下。你一定要学会与不同的人相处，不然你永远都会遇见这种人。”

这位经理的一席话一下子说到了马克的心里。之后，他重新回到工作岗位上，试着与主管相处，尽量去看事情好的一面，从而和主管之间的关系也从对立变得平和。

一年后，马克因为业务突出，被总公司调去组建分公司并担任负责人。

其实，对于一个真正的难以相处者，你要学会设身处地地了解对方的处境。你不需要与他争执，更不必强迫他去做些什么，而是心平气和地询问他采取这种方式对待别人的原因。在这种情况下，即使你的目的没有达到，也能在一定程度上缓和你们之间的关系。

在工作中，与我们朝夕相处的也许并不是我们喜欢的人，面对他们，我们要让自己学会适应，学会沟通，而不是逃避。学会与不同类型的人相处，这才是明智的表现。

其实，世界上的一切事物都不是尽善尽美的，每个人在思想和性格上都会存在缺点和差异，这就要求我们对人不能过于苛刻。跟不同性格的人相处，要胸怀宽广一些，气度大一些，要提倡宽容。在与自己性格不同的人身上，要注意发现别人的长处和优点。只有这样，我们才会让自己的工作更协调，做事更顺利。

站在他人的角度看问题

人们在交往之间，总有许多分歧。有时并不是因为双方之间有多么难相处，只是考虑问题的方法有些不当，如果改变一下看问题的立场，那么事情就会容易很多。

松下幸之助先生在做生意的过程中，总结出了一条重要的人生经验：站在对方的立场看问题，因为在23岁那年，有人给他讲了一则故事——犯人的权利。他终于从中领悟到一条人生哲学。凭借这条哲学，他与合作伙伴的谈判效率突飞猛进，人人都愿意与他合作，也愿意做他的朋友。

某个犯人被单独监禁，有关当局已经拿走了他的鞋带和腰带，为的是不想让他伤害自己。于是，这个犯人用左手提着裤子，在单人牢房里无精打采地走来走去。当他用手摸着自己的肋骨时，他嗅到了一股万宝路香烟的味道。

通过门上一个很小的窗口，他看到门廊里那个孤独的卫兵深深地吸了一口烟，然后美滋滋地吐出来。这个囚犯很想要一支香烟，所以，他用他的右手指关节客气地敲了敲门。

卫兵慢慢地走过来，傲慢地问道："想要什么？"

囚犯回答说："对不起，请给我一支烟……就是你抽的那种万宝路香烟。"

卫兵错误地认为囚犯是没有权利吸烟的，所以，他嘲弄地哼了一声，就转身走开了。

这个囚犯却不这么看待自己的处境，他认为自己有选择权，所以他又用右手指关节敲了敲门，这一次，他的态度是威严的。

那个卫兵恼怒地扭过头。问道："你又想要什么？"

囚犯回答道："对不起，请你在30秒之内把你的烟给我一支，否则，我就用头撞这混凝土墙，直到失去知觉为止。如果监狱当局把我从地板上弄起来，我就发誓说这是你干的。当然，他们绝不会相信我，但是，想一想你必须出席每一次听证会，想一想你必须填写一式三份的报告；想一想你将卷入的事件吧；所有这些都只是因为你拒绝给我一支劣质的万宝路。就一支烟而已，我保证不再给你添麻烦了。"

结果，卫兵不仅给了囚犯香烟，而且还替他点了火，因为这个卫兵马上明白了事情的得失利弊。

这个囚犯因为看穿了士兵的立场和禁忌或者叫弱点，所以满足了自己的要求，获得了一支香烟。

听了这个故事，松下幸之助学会站在对方的立场看问题，站在对方的立场考虑问题，你会发现，他的所思所想、所喜所忌，都进入到你的视线中。在各种交往中，你都可以从容应对，要么伸出理解的援手，要么防范对方的恶招。

当然，有太多的人不懂得如何运用这条规则，这是导致他们人生失败的一大原因。可是，也许他们至死都不知道，由于不懂得站在对方的立场考虑问题，他们丧失了许多成功的机会。

在"马歇尔计划"刚开始制订的时候，美国人基本上支持了这个第二次世界大战以后促使欧洲复兴的计划，然而马歇尔本人却很担心锱铢必较的国会是否会同意拿出那么多钱去支援欧洲。

有一天，马歇尔接到通知，国会拨款委员会将举行听证会，研讨马歇尔的欧洲重建计划。

为了使马歇尔计划能顺利被批准，马歇尔的两位助手一起干了一个通宵又一个整天，起草了关于马歇尔计划的发言稿。他们搜集了全部事实，提出了一切必需的要求，并列举了令人信服的理由，配之以大量具有权威性的具体细节作为论据，说明这一计划可使欧洲免于浩劫同时又对美国有利的道理。然后他们兴冲冲地带着自己的若干成果回到马歇尔那里，把他们精心准备的发言稿交给了他。

马歇尔看了一遍，半天没有说话，最后他往椅背上一靠，说：“我不想用这个稿子了。”

助手们大吃一惊，以为自己的稿子不符合马歇尔的要求。

马歇尔似乎看透了他们的心思，说：“别误会，讲稿写得很好。可是，你们想，听证会想要听的是什么？他们想听的是我本人对这个计划的看法，而不是你们两位的看法。要是我去那里念这篇发言稿，他们会明白这是你们写的。我觉得不带讲稿去更好些，大家以为我会先发表一篇声明，我就说，先生们，你们要我出席听证会，现在我准备回答你们的问题。于是他们就向我提问，不管到时他们会提出什么样的问题，我都要用心阅读这篇发言稿，这样才好用你们准备的各种理由来回答他们的问题，这样才会使他们满意，因为委员会真正想知道的是我本人是否了解这个计划。”

后来的事实证明了马歇尔的这种分析是正确的，计划最终获得了拨款委员会的支持，从而也给予了财政上的保证。

站在客观的立场上。不仅要考虑到自己的需要，而且还要考虑对方可能的心理变化，感受到他人的情绪。站在对方的角度看问题，不会得不到别人的理解和支持，也只有这种基于对方需求的沟通，才是有效的沟通。也只有这种考虑问题的方式，才会让事情办得顺利。

与人方便也就与己方便

一位哲人说过，一个人把自己想象成什么，就会成为什么。同理，一个给予别人方便的人，自己也会得到别人给予的方便。善待他人，其实就是成就自己。

世界上没有成功的生意，只有成功的人。没有人能拒绝和别人打交道，所以没有人能在不照顾到别人的情况下达成自己的目的。真正的智者勇于活出自己的风采，却永远不会忘记为别人多想想。

英国的威廉是一位有名的大商人。令人称奇的是，威廉创业初期的一切，竟然全是别人馈赠的。

威廉在20岁的时候，还是一个整天守在河边打鱼的年轻人，一天，一位过河人求助于威廉，原来是过河人的一枚戒指不慎掉进了河里。他请威廉不管怎样，也要到水下帮他摸一摸。

威廉一个上午什么也没干，反反复复一连扎到水下二十几次，但是依然没有找到那枚戒指。于是，威廉又找来了全村的男人帮忙。过河人事先答应给威廉一英镑的打捞费，想不到威廉竟然请来了这么多人，这要多少报酬才行？谁知，威廉却一点儿都没提报酬的事，他只是想为过河人解决难题，打捞戒指，仅此而已。

不久，这位过河人又路过此地，他又碰到了威廉。这时过河人对威廉说：“威廉，你别打鱼了，我给你个打气补胎的活儿，你就足以养家糊口了。”从那以后，威廉便有了一个在路边修补汽车轮胎的活儿。

有一天，一辆小车停在了威廉的小店前，车上的人要找一颗特别的螺丝钉，否则车就无法行驶。威廉翻遍了自己的小店，也没有找到这样的螺丝钉。他骑上自行车，在另一家修车店里，终于找到了一颗一模一样的螺丝钉。

当威廉满头大汗地返回来，对方拿出了10英镑来感谢威廉。不久，这辆小车的主人特地赶来，给了威廉一个五金店让他代理经营。威廉很是惊讶，问对方为什么。

对方告诉威廉：“你是我所遇到的最诚恳、最值得信任、最无私，也是最可爱的人。”

后来，威廉成了英国最大的机械制造商。有人问起他的发家史，他总是说，他一生的事业，一多半都是别人赠送的。

其实，为他人着想并不一定要在他人必经的路边放上金子，有时候，一点儿很小的帮助也会成为别人越过坎坷的助力，也会成为别人成功的动力。也就是说，给别人提供帮助的同时，其实也为自己创造了最好的成功机会。

别戴着有色眼镜看人

很多人看人看事时往往习惯于加上自己的主观想象，也就是以自己的标准去评判他人的言行，其实，这是一种最不明智的做法。因为，戴着有色眼镜看人，看到的往往并不是事情的真相，有时还会误导自己的判断。

戴着有色眼镜看人是一种偏见，也是不准确的。因此，当我们看待一个人时，不要将先前形成的偏见强加在某人的身上，以至于迷失了自己的视线，看不到别人真实的面貌。

由于戴着有色眼镜看人，看到的往往是经过自己主观加工的现象，这样的所见并不准确，有时还会因为个人想法的偏差，而使事情朝着自己所料之外的方向发展。不仅得不到真实的信息，可能还会起到相反的效果。

在美国波士顿的一个小镇上，有两个老太太，30多年前因为一点儿小事产生矛盾，就一直互相记仇，并波及了下一代。巧的是，两位老太太都是《波士顿新闻报》家庭版的忠实读者，如果不是这个报的这个专栏，也许她们早就被这种仇恨和相互的骚扰搅得难以生存了。

那个家庭版有一个专栏，由读者间的通信组成，方式是，如果你有什么问题，或只想发发怨气，就写信给这家报纸，署上你的化名。然后，另一位有相同烦恼的人会化名回信，告诉她如何处理这类事情。这两位老太太一直都与这家报纸的专栏保持联系，一个化名叫杨梅树，一个化名叫海鸥。

后来，化名海鸥的老太太死了，化名杨梅树的老太太鉴于道义，便越过篱笆去帮忙做点儿事。当她第一次走进她的死对头的家时，发现桌上摆着一本巨大的剪贴簿，整整齐齐地贴着多年来她与专栏上化名杨梅树的人的来往信件。原来，两位现实中不肯和解的老太太，在专栏中却是一直保持联系的知心朋友。活着的老太太痛哭失声，但遗憾的是不能再补救那已被白白浪费的美好时光。

在生活中，有的人看起来可能很讨厌，吝啬甚至狡诈，然而从另一角度看，有可能却是大方、热情、正直甚至善良的，这往往取决于我们观察对方的视角。因此，常常是看人的心态决定了看人的角度，看人的角度又决定了人的“好坏”。因此，要想看到事物的真实面目，千万不要以自己的主观想象作为衡量别人的标准。主观意识太强，经常会造成识人的错误与偏差。

不要轻易地批评他人

卡耐基说："批评不但不会改变事实，反而会招致愤恨。"许多人经常能发现身边朋友的过失并决意要帮助他改掉，但却很少想到一切从改变自己开始。

人们因观念不同而常有冲突。在面对这种观念差异的时候，不要轻信自己的判断能比对方高明，也不要轻易地去批评别人。因为严厉的批评是无益的，它只会迫使被批评者采取防卫的行动，使他刻意地为自己的行为寻找合理的解释。

纽约有一位年轻有为的律师，非常专业，也很敬业，三十岁就拥有了自己的律师事务所。有一天，他接到一个案子，此案牵涉一笔巨款和一项重要的法律问题。为了确保万无一失，年轻人搜集了很多资料，终于充满信心地上庭了。庭审期间，年轻的律师与对方律师进行了唇枪舌剑的辩论后，很快占据了上风。

主审这个案子的法官是全美最有名气的法官之一，可谓德高望重。在双方律师辩论结束之后，他进行了例行的提问。在提问过程中，法官似乎对一项法律条文不太确定，于是问那个年轻的律师："在我的印象里，海事法追诉期限是六年，是吗？"

年轻人立刻回应道："不，绝不是，庭长，你弄错了，海事法没有追诉期限。”话音刚落，法庭陷入了一种无比尴尬的沉默中。到了判决的时候，年轻的律师充满信心地等待宣判，然而，出乎他的意料，陪审团成员一致认为年轻律师的当事人有罪，尽管根据法律条文，那个当事人被判无罪的可能性极大。年轻人终于认识到了自己的错误，是的，从法律的角度讲，他是对的，但是他却铸成了一个大错，那就是在法庭上所有人的面前，他竟然不留情面地批评一个德高望重、学识渊博的法官。

是的，若说这个年轻人有错，根源就在于他没有用合适的方法回答法官的提问，如果他说：“我记忆中的是另外一种情形，不过，我也常常弄错，如果弄错了，我很愿意改正……”结果很可能就完全不同了。

总之，如果我们以尖刻的语言去批评他人，就往往会造成被动失败的局面。那位同事会失去他的自信心，而我们也会失去他的信任，得不到成功的合作。但是，如果以对方为中心去了解他人，却可以打开沟通的渠道。因此，千万不要轻易批评他人，当问题出现以后，要心平气和地考虑如何解决，而不是以批评来对待，只有这样，才能增加自己在他人心中的威信，促进事情的成功。

通过鼓励来帮助他人

安东尼·罗宾指出，要想成功，你必须学会调动别人内心深处的积极性，让他们发挥潜能，你必须“给他们的油箱加油”。的确，没有激励，人就很难动起来，更不可能鼓起冲劲，也就很难发挥潜能。但如果一个人不停地受激励驱动，他就能永远前进。

著名的心理学家杰斯·雷尔说过：“称赞对温暖人类的灵魂而言，就像阳光一样。没有它，我们就无法成长开花。但是我们大多数的人，只是敏于躲避别人的冷言冷语，而自己却吝于把赞许的温暖阳光给予别人。”

在美国，有一位年轻人，由于生活穷困，他只读了五年小学，便辍学在印刷厂做学徒了。工作虽然辛苦，却没有阻止他爱上浪漫的诗歌。他像发疯一样，没日没夜地写诗。

1855年，他自费出版了第一本诗集，初版印了1000册，薄薄的小书只有95页。年轻人把书拿出去卖，结果一本都没卖掉。社会上的批评更是铺天盖地，对他有一大堆臭骂。有的报纸认为“作者的诗作违背了传统诗歌的艺术。他不懂艺术，正像畜生不懂数学一样”。

铺天盖地的嘲笑和谩骂声，浇灭了年轻人所有的激情。他失望了，并且开始怀疑自己：我是不是根本就不是写诗的料？就在他几近绝望时，远在马萨诸塞州康科德的一位大诗人被他那创新的写法、不押韵的格式和新颖的思想内容打动了。大诗人随即写了一封信，给这些诗以极高的评价：

“亲爱的先生，对于这本才华横溢的诗集，我认为它是美国至今最了不起最具聪明才智的精华。它是奇妙的、有着无法形容的魔力的。我为您的自由和勇敢的思想而高兴……我揉揉眼睛，想看看这道阳光是不是幻觉，直到昨天晚上，我在一家报纸上看见这本书的广告时，我才相信真有此书。我很想会见使我受到教益的人，并想完成下一个任务，去向您致敬。”

这真诚的夸奖和赞誉，一下子点燃了作者心中那将要熄灭的火焰。1856年9月，增订的第二版诗集问世，共有384页。直到1892年他去世时，诗集已经出到第九版，里面所收的诗歌也由最初的12首发展成到近400首。

他就是美国现代诗歌之父——瓦尔特·惠特曼，那部诗集的名字叫《草叶集》。

可以说，鼓励他人既是处世的艺术又是做人的美德。被鼓励的人心怀感激，恰是对鼓励者最好的回报。

因为，人是在鼓励中扬起生活的风帆，在鼓励中享受成功的喜悦，在鼓励中创造奇迹的。学会鼓励他人，也会给自己带来信心。

停止那些毫无意义的争论

每个人的性格中，都有“自以为是”的因子，在潜意识里都认为自己是对的，如果别人有不同的意见，那么肯定是别人错了。于是，在许多情况下，人们为了证明自己的“对”、别人的“错”，就开始了激烈的辩论，那么，这种辩论究竟有没有意义呢？

是的，我们应该尽量避免辩论。希望靠着辩论证明自己无比正确并获得优越感的人是幼稚的，而且永远无法达到目的，聪明的人绝不会用这样的方式去破坏自己的人际关系，为自己制造障碍。

因为一笔9000美元的账单，巴逊士先生跟政府的一位财务稽收员争论了近两个小时。巴逊士坚持认为这是一笔死账，既然永远收不回来了，就没有纳税的理由。稽收员不理这套说辞：“什么？死账！死账也得缴税。”他的态度固执、冷漠，简直不可理喻，对着这样的人，说什么理由都是枉然，即使那全是事实，争论得越久，他越是坚持己见。

幸好，巴逊士认识到了自己的失误，决定停止这场毫无意义的辩论，尝试用另一种解决问题的办法。于是，他接着说：“从事您这样的职业真是令人羡慕，老实说关于税收的问题我也学习过，可那只是书本上的皮毛，你的丰富经验是我非常钦佩的。”稽收员听了这样的话，靠在椅子上的身躯马上坐直了。在接下来的时间里，巴逊士不再说一句带有争论性质的话，只在那个稽收员谈论自己的工作时，不时地附和。稽收员的声音渐渐和善起来，并提出了告辞，他说要考虑一下这个问题，几天后再答复巴逊士。三天后，巴逊士收到电话，被告知稽收员已决定按照所填报的税目办理此事。

在这个案例中，巴逊士果断地改变策略，结束了辩论，从而满足了稽收员的虚荣心，获得了良好的结果。表面看来，巴逊士输掉了这场争论，但是你不妨仔细权衡一下：你是想得到言语的上风，还是想得到人们对你的好感，并为你提供帮助呢？答案是不言而喻的。

要知道，辩论是无法解除误会、解决问题的，在进行辩论时或许你是对的，甚至对方口头上也承认了这一点，可是他心里很可能是不承认的，你无法改变对方的思想，又失去了对方的好感，实在是得不偿失啊。释迦牟尼说："恨不止恨，爱能止恨。"因此，我们应该用巧妙的方法，以和解的态度，从对方的立场出发，表达出解决问题的诚意，而不应该逞一时口舌之快，妄图通过辩论来解决问题。

记得给他人留面子

中国有句俗话：人要脸，树要皮。面子代表的是人的尊严，谁都希望自己在别人面前有尊严、受尊重，这样才有生存的意义。“不蒸馒头争口气”，争的就是这个面子。因此，不论在什么时候，即使在最愤怒的时候，也要控制住自己的冲动，给别人留一点儿面子。即使是对方的错，你如果能给对方留个面子，不去追究，不去宣扬，那一定会获得别人的信任和好感，这对自己来说也是非常有利的。

现在有不少人在言语失当、使别人丢了面子之后，以“心直口快”为由为自己开脱，甚至自鸣得意。殊不知，这是一种极为愚蠢的做法，所谓覆水难收，说出去的话就像泼出去的水，永远收不回来了。

在一家五星级酒店，一个男士粗声粗气地喊道：“服务员，过来一下！”声音里透着极度的不满。为他服务的女侍赶紧面带微笑地走过去，只见那个男士指着桌上的杯子，不客气地说道：“你自己看看，居然把坏了的牛奶拿来卖，好好的一杯红茶就这样糟蹋了。”女侍稍微愣了一下，依然彬彬有礼地说：“实在抱歉，给您带来了不便，我马上给您换。”说完回到吧台，倒了一杯新的红茶，餐盘上依然放了与之前一样的柠檬和牛奶。

女侍轻轻地将这些东西放到桌上，然后用只有那个顾客才能听到的声音说："先生，我是不是可以建议您，如果放牛奶，就不要放柠檬，因为有时牛奶会在柠檬酸的作用下结块。"那个男士脸腾地红了。马上明白了怎么回事，他点点头，然后匆匆喝完茶，结账出门了。

女侍的同事笑着问她："为什么对这个土包子这么客气？又粗鲁，还很自以为是。"但是女侍却认真地说："有理不在声高，这种事一说就明白，还是给他留点儿面子吧。"故事中的女侍在受到无端的责备时，没有大声为自己辩解，更没有得意扬扬地"抨击"对方是土包子，反而很体贴地顾及了对方的面子，为对方留了余地，最终也给自己带来了好处，遇事给别人留个面子，对自己是有百利而无一害的。

每个人都渴望得到别人的尊重，所以我们应该尽量为别人着想，不要因为不给别人面子而惹出是非。对朋友或者同事有意见，可以私下与其恳谈，千万不要当着众人的面指责，免得让人没办法下台。总之，遇事的时候尽量采取让别人有面子的做法，可以帮助自己建立良好的人际关系。然而，许多人并不明白这个道理，总是自以为有见解、有口才，一有机会就高谈阔论，把别人批得面红耳赤，只为了证明自己的正确，然后大呼过瘾。这实在是幼稚至极的做法，迟早有一天会付出代价的。

用适当的方法拒绝别人

帮助朋友是一种美德，但同时也要考虑自己的能力。如果朋友所求之事在我们能力范围内的话，那么我们当然是竭尽全力。但是如果所求之事，在自己的能力之外，或者说这件事情不合情理，那我们又该怎么办呢？是硬着头皮去做，还是毅然决然地拒绝呢？

我们先来看一下下面这个小故事：

一天，老张的同事李某来到他家，请老张帮忙用电脑制作一个公章。老张深知事情的严重性，虽然李某只是想用公章为正在招人的女儿蒙骗过关，但如果出了事，老张一定难辞其咎。但要是不答应，毕竟十几年的同事，这面子上都互相过不去。思前想后，老张在认真倾听完李某的要求后，还是委婉地拒绝了他。老张表示，尽管自己工作很忙，但其实很乐意帮他这个忙，只是由于自己电脑的操作水平有限，这电脑刻章又必须由专业人士才能完成，因此建议他到专业刻章的店里去问问看。老张还说以后一定要加强电脑知识的学习，这样以后再遇到这样的事情，就可以帮忙解决了。经过老张这么一说，李某并没有生气，也明白这种事儿不能强求，所以也就没有难为老张了。这事儿过后，老张和李某的关系还和从前一样，并没有因为老张拒绝了李某的要求而恶化。

这个故事，老张在得知同事的不合理要求后，委婉地拒绝了同事，不仅没有造成双方关系的恶化，反而达到了教育李某的效果。

在复杂的人际关系中，人们总会面对来自亲朋好友这样或那样的不合理要求。这些要求之中，有合理的，也有不合理的。大多数人认为，有所求就应该有所应。于是，为了顾全双方的面子，人们不得不勉强答应，这样就给别人造成了一种假象，于是，他们就会一而再，再而三地来找你，久而久之，这就给自己造成了极大的身心负担。所以，如何说“不”，如何拒绝他人，就成了一种哲学。虽然说“不”，有时会使人尴尬，但却可以让对方明白，自己不是不帮，而是力有未逮。

总之，适时地说“不”，拒绝做那些自己不想做的事情，不仅不会造成双方关系的恶化，有时候还会收到意想不到的效果。要知道，人不是万能的神，不可能有求有应，即便是神，也不可能有求必应。

PART 10　第十章

成功离不开好口才

CHENG GONG LI BU KAI HAO KOU CAI

很多人性格开朗，快言快语，这其实不能算是坏事，但是有一点要记住，那就是说话一定要有分寸。把话说得动听，不仅要求你讲究说话的技巧，更要学会察言观色，在适当的时候说适当的话，否则，不仅不会达到应有的效果，还会让自己的形象大打折扣，影响自己在他人心中的印象，严重的还会阻碍自己事业的发展。

说话中听才受欢迎

会说话是一个人提高办事能力的必要手段。在现代社会中，人与人之间的交往不可缺少。随着社会活动的增加，人们的语言表达能力显得更加重要，因此，如何说话、如何把话说得更动听已经成了一门必修课。

谁都会说话，但如何把话说得动听，通过说话给别人留下良好的印象，却未必是每个人的专长。可以说，恰当的话语就是一笔既普通又不普通的财富，如果我们在事业上要出人头地、要征服对方，就应该在说话的艺术上多下些功夫。

玛丽是上海一家公司的职员，她年轻干练，工作没几年，很快便因能力出众而成为公司里的主力干将。几天前，公司老板对玛丽说："玛丽，你经验丰富，这里有个新项目，你就多费心盯一盯吧！"

受到老板的重用，玛丽欢欣鼓舞。恰好这天要去周边城市谈判，玛丽一合计，一行好几个人，如果打车，一辆坐不下，两辆费用又太高，还是包一辆车好，经济又实惠。

主意定了，玛丽来到老板跟前。"老板，您看，我们今天要出去，"玛丽把几种方案的利弊分析了一番，接着说："所以呢，我决定包一辆车去！"汇报完毕，玛丽发现老板的脸黑了下来。他生硬地说："是吗？可是我认为这个方案不太好，你们还是买票坐长途车去吧！"玛丽愣住了，她万万没想到，一个如此合情合理的建议竟然被打了“回票”。

玛丽凡事多向老板汇报的意识是很可贵的，错就错在措辞不当。如果玛丽能这样说：“老板，现在我们有三个选择，我个人认为包车比较可行，但我做不了主，您经验丰富，帮我做个决定行吗？”老板听到这样的话，绝对会答应你的请求，这样才是比较完美的结局。

学会说话，会让听话者产生愉悦的感觉。在如今竞争激烈的社会中，如果一个人拥有会说话的能力，通常能达到事半功倍的效果，取得意想不到的成功。而不会说话的人，即使有好的想法，却因为没有用合适的语言表达，从而会丧失许多机会。

一个想成功的人，除了要有明确的目标和坚韧的毅力外，学会说话也是不可缺少的。会说话有时会让你事半功倍，而不会说话则恰恰相反。

正确的时候说出正确的话

人都会说话人，但说出来的效果却大大不同。会说话的人懂得掌握说话的时机，知道什么话该说什么话不该说，他们会根据场合的不同调整自己的说话方式。这样做才是会说话的表现，否则话说得不少，但效果却几乎为零。

要把话说得恰到好处，重要的一点就是把握住说话的时机。能把对方想要听的事情，以适当的方式说出来。而不会说话的人则恰恰相反，他们不懂得说话要看时机，结果影响了做事的效果，自己还不知其所以然。

洛亚是加州一家宾馆的服务员，第一天上班时，她被分配在酒店做接待。这天午后，电梯门打开，走出两位来自加拿大的客人。洛亚立刻迎上前去，微笑着说："您好，先生。"看过客人的住宿证后，洛亚边接过他们的行李，边说："欢迎入住本酒店，请跟我来。"洛亚领他们走进房间后，随手为他们倒了两杯茶，说："先生请用茶。"

接着她开始一一介绍客房的设备，这时一位客人说："知道了。"但是洛亚没有什么反应，仍然继续介绍着。话还没说完，另一位客人从自己的钱包里拿出一张百元美钞，不耐烦地递给洛亚。

洛亚嘴上不说，心里却想，自己是一片好意，怎么会被误解了。这使洛亚十分委屈，她说："对不起，如果您有事就叫我，我先告退。"

在这个故事中，两名客人也许刚下飞机很累，需要休息，或者他们是该酒店的常住客，对房间设施都十分熟悉。洛亚应该学会识客，从而提供有针对性的服务。

掌握好说话的时机，是每个人必修的一门课程，因为如果你说的不是时候，即使你的话再好，再动听，也起不到好的作用。因此，要学会根据对方的性格、心理、身份以及当时的氛围等一切条件，考虑自己说话的内容。

在现代社会，我们更是要懂得怎样说话，怎样说好话，以下有一则故事可以作为前车之鉴：

好话并不是什么时候都适用，并不是什么时候都能给自己带来好处，而是要看时机。时机对了，那就是力量；时机不对，那就成了阻碍。

会沟通能取得真正的成功

在现代社会，沟通能力已经成了个人成功的必要条件。可以说在一个人成功的因素中75%靠沟通，25%靠天才和能力。学会沟通，很多原本艰难的事情也会变得容易。

沃尔玛的创始人沃尔顿在其自传《富甲美国》中写道："沟通再沟通，如果你必须让我将沃尔玛的体制浓缩成一个思想，那就是沟通，因为它是我们取得成功的真正关键因素。"不会沟通，那将给个人的发展带来极大的限制。

在现实生活中，有很多时候往往因为一句话，便使得你和他人的距离可远可近、和他人的关系可有可无。为了避免伤害别人，在你说任何话之前，都该先想想自己想说什么、该说什么。很多人往往心直口快，根本没想到自己犀利的言辞可能对别人造成的伤害。因此说话不能不经过大脑，在说出口之前，先想想看"如果别人对我这样说，我会有什么想法"，在很多情况下，如果能设身处地为他人着想，你就不会因为说错话而引起他人的不悦了。

美国一家儿童用品公司总裁莫奈尔先生想开办一个分公司，当时，有一家规模并不是很大的儿童用品公司被选中。莫奈尔先生了解到这种情况后，很想直接把这家公司合并过来，加入自己的总公司。

这家公司的总经理是纳德克先生。在谈判、协商此事之初，纳德克并不同意莫奈尔提出的计划。纳德克认为："在这里，我这家公司已经占领了大部分市场，赢利也可以，我又何必非要并入贵公司而受贵公司的调遣呢？"

莫奈尔先生则说："纳德克先生，我想问您，您开办公司的目的是什么？"

纳德克的回答很直接也很坦白："赢利。"

莫奈尔点点头，继续说："那么您看，如果您能把您的公司与我的公司合并，而算做分公司的话，可以利用我们公司原有的声誉和规模为您的公司赢得更多的客户，使您的公司扩大经营范围，同时也增强了对风险的抵抗能力，无疑会给您带来滚滚红利。经理先生，希望您能重新考虑我们的合作意向。"

纳德克陷入沉思，最后终于答应与莫奈尔合作。

此外，还要挑对说话的时机，更要注意的是，沟通要做到对事不对人，最关键的一点是，沟通要学会换位思考。换位思考其实就是"理解"别人的想法、感受，从对方的立场来看事情。它在人际沟通上是非常重要的，因为如果不了解对方的立场、感受及想法，我们就无法正确地思考与回应。

总之，当今社会的发展，需要人与人之间建立合作的关系，追求双赢。学会沟通、相互配合，是高效、高质量达成目标的关键所在，同时也是把握成功的要素之一，沟通是相互理解的桥梁，把握了沟通的技巧，也就把握了成功。

拒绝他人是一门艺术

在日常的人际交往中，热情地帮助别人，对别人的困难有求必应，这是应该的。但是一定要量力而行，如果遇到做不到的事情，我们就要学会拒绝。

“拒绝”是一种艺术，当别人有求于你而你却办不到时，你就不得不拒绝对方。有时候，你求别人一件事，对方不肯，往往最令你难堪的不是事情没办成，而是自己遭到拒绝，丢了面子。

历史上很多成功的领导人都精通拒绝的艺术，在说“不”的同时，还能给足对方面子。19世纪的英国首相迪斯累里就是一例。

有个野心勃勃的军官一再请求迪斯累里加封他为男爵。首相知道此人才能超群，也很想跟他搞好关系，但军官不够加封条件，迪斯累里无法满足他的要求。

一天，首相把军官单独请到办公室里，对他说：“亲爱的朋友，很抱歉我不能给你男爵的封号，但我可以给你一件更好的东西。”迪斯累里放低声音说，“我会告诉所有人，我曾多次请你接受男爵的封号，但都被你拒绝了。”

这个消息一传出，众人都称赞军官谦虚无私、淡泊名利，对他的礼遇和尊敬远超过任何一位男爵。军官由衷地感激迪斯累里，后来成了他最忠实的伙伴和军事后盾。

对于合情合理但目前还无法做到的要求，可以“拒此应彼”。就是在拒绝对方这个要求的同时，为了补偿他，减少他的遗憾和失望，可以真诚地为对方着想，提供一些意见。建议他改变方法，另作其他的打算。

当然，你在拒绝的时候应该给对方以希望。对于一时还不能解决的合理的要求，不妨如实告诉对方，经过努力，等一切条件都具备了，问题自然就会迎刃而解。事情若是经由他自己的努力便可以达成的，那你的拒绝也许会变成他进步的动力。

但是，如果事情受许多客观条件的限制，并不是他个人的努力所能改变的。那你也应该给他多点儿希望和鼓励，使对方感到这件事虽然无法完成，但工作还是有意义的，从而发现你乐于助人的“侠义心肠”。

如果是实在不能接受的要求，那就必须做到不迁就、不犹豫，及时拒绝，言辞绝不含糊。切忌模棱两可，使对方产生误解，仍抱有不切实际的幻想，但是应注意，口气要委婉。

总之，在拒绝时，应采用灵活多变的委婉方法，才能做到拒“事”不拒“人”。既表达了自己的愿望，又将对方失望与不快的情绪控制在最小范围内，不影响彼此之间的关系。

合适的赞美才能发挥作用

赞美是一种“感化”别人的有效办法，人们都喜欢听到别人的称赞，因为赞美是一件好事，但它绝不是一件易事。赞美别人时如不审时度势，不掌握一定的赞美技巧，即使你是真诚的，也会变好事为坏事。

人总是喜欢被别人赞美的，在这个社会中，会说赞美话的人，似乎人际关系都处理得较好。明知对方所讲的是赞美话，却还是抹不去心中的那份喜悦。

图书推销员比恩路过一家店铺时，看见一个年轻人正坐在里面看着一本叫《穷爸爸，富爸爸》的书。比恩走进去说：“噢，你也在看这本当今市面上最畅销的书呀，我也很爱看这本书。”

“这本书写得太棒了，简直就是一本大学教材”。

“对，你说得很对，这本书里面的富爸爸提倡的就是这种观念。一个人具备什么样的心态和智慧，决定了他有什么水平的认识。从刚才你说出来的话我就可以判断出来，你对这本书不光是读一读那么简单，应该研究得很彻底了吧？”

“哈哈，我这个人天生不爱上学，就爱看看课外书。”

“但是，你这么年轻就开了一家如此精致的店，以后，你的店面一定还会不断扩大的。而且，如果你能结合你所在的领域，融入这本书的观念去做事，你一定会很了不起的。”

听了比恩对他的赞美后，年轻人话兴大增，大讲自己的理想和人生计划。当然，最后他也接受了比恩介绍的好几套与成功、理财相关的书籍。

赞美别人首要的条件就是要有一份诚挚的心意及认真的态度。言辞会反映一个人的心理，因而有口无心或是轻率的说话态度，很容易被对方识破从而产生不快的感觉。赞美别人时要真诚，这样，你所说的赞美话，会超过一般赞美话的效果，成为真正夸赞别人的话，听在对方耳中，感受自然和一般的赞美话不同。

一般来说，赞美的原则有以下几个方面：

首先是赞美必须要真诚。只有名副其实、发自内心的赞美，才能显示出它的光辉和魅力。言不由衷的赞美无疑是一种谄媚，最终会被人识破，只能招来他人的厌恶和唾弃。

其次，赞美要适时。当你发现对方有值得赞美的地方时，就要及时大胆地赞美，千万不要错过机会。

最后还要注意的一点就是赞美要恰如其分，点到为止的赞美才是真正的赞美。赞美一旦过头变成吹捧，赞美者不但不会收获交际成功的微笑，反而要吞下被置于尴尬境地的苦果。

如果一味赞美，把社交活动当成歌功颂德的舞台，就会适得其反。赞美一旦变成无休止的吹捧，就失去了正面意义，影响了交际的效果。

要恰当地表达自己的意见

由于各人所处的地位不同，对同一事物的理解也千差万别，因而出现不同的意见是很正常的。当有了不同的意见时，如何表达就成了需要注意的问题。不要强迫他人与你的意见相同，即使意见不同，也要学会巧妙地说。

在生活中，有这样一种人，他们差不多养成了习惯，事事要与别人作对，无论别人谈论什么，即使他毫无此方面的成熟意见，也要加以反驳。你说“是”时，他一定要说“否”；你说“否”时，他又一定要说“是”。这是一种十分可怕的陋习，而且有此陋习的人还很多，他们往往因为喜欢表示和人意见不同而得罪了许多同事和朋友，而自己还一无所知。

那么，怎样才能诚恳地表达自己的意见而又不得罪人呢？首先我们应该明白，得罪人的不一定是我们的意见本身，而可能是我们对别人提出意见的态度。只要我们的方法得体，向别人表示自己的不同意见，不但不会得罪他人，而且还有可能大受欢迎。相反，如果我们在表示不同意见时，把自己的意见看做是绝对正确的，而把别人的意见视为愚蠢幼稚的，那就会很严重地伤害别人。

恰当的做法是，当你的同事向你提出建议时，你如果不能立刻表示赞同，起码也要表示可以考虑，切忌不要马上反驳。假如你的朋友和你谈天，那你更应注意，因为太过于执拗能把有趣的谈话变得枯燥乏味。

当你听到别人的意见和你一样时，你要立刻表示赞同。不要以为这样做会被人认为你是随声附和，因而就不吭声了。不吭声虽然不会被人误解为随声附和，但也容易使人认为你并不同意。

我们常常看到许多人因为表示与人不同的意见而得罪了朋友。因此，有许多人总是劝人们不要表达自己的不同意见。其实，这种做法是很片面的，无论一个人多么爱面子，几乎每一个人都喜欢拥有忠实的朋友。如果你认识一个人，对他说的每一句话都随声附和，不说一个“不”字，不久以后，他就会觉得你是一个圆滑的人。

那么，与别人意见不合时，我们究竟该如何表态呢？其实你要遵守一个原则：在你表达意见的时候，要假定自己的意见也可能有错误，不要强迫别人立即同意你的意见，要给人充分的时间来考虑你的意见，而且要既不言听计从，也不固执武断。另一方面，又诚恳地尊重别人的意见，这样才是理想的交谈方式。

无论你的意见和对方的意见差别有多大、分歧有多么严重，只要你不表现出绝对不可商量的态度就可以了。总之，学会巧妙地表达不同的意见，不仅能使自己的看法得到他人的认同，而且还会让他人对自己产生好的印象，也会更有效地促成自己的意愿。对于想成功的人来说，一定要具备这种能力。